本书获广东省哲学社会科学“十二五”规划十大省情与专项研究项目资助
获广东省韶关社科文艺精品立项项目资助
获广东省人与自然和谐发展研究基地研究课题资助

SHENGTAI JIAZHI·BUCHANG JIZHI·CHANYE XUANZE
——DUI GUANGDONG SHENGTAI FAZHAN QU DE
SHUJU FENXI

生态价值·补偿机制·产业选择
——对广东生态发展区的数据分析

欧阳建国 欧晓万 欧阳洋 著

人民出版社

目　　录

导　论

一、建设生态发展区的背景与研究意义

改革开放以来，广东省社会经济发展取得了世界瞩目的成就。但广东的区域发展差异也非常巨大。“全国最富的地方在广东，最穷的地方也在广东”①，这句话是广东区域发展不平衡的生动写照。笔者一项前期调研课题研究结果显示：“2007 年广东人均 GDP 的标准差从 1978 年的 173 元扩大到 2007 年的 5036 元，最高最低地区间收入差距从 1978 年的 4.39 倍扩大到 2007 年的 7.9 倍；从整体上看，未加权的变异系数、基尼系数和泰尔指数的走势表现出整体上的上升，同时，广东区域差异 78%来自于珠三角地区与东西北三个地区间的差异，22%来自于地区内差距。”②

广东省委、省政府对广东区域发展不平衡问题，尤其是粤北山区发展相对落后问题非常重视。2008 年 5 月，广东省委、省政府召开全省“推进‘双转移’工作会议”，会后出台了《中共广东省委、广东省人民政府关于推进产业

---

① 2010 年 3 月 29 日至 30 日，中央政治局委员、时任广东省委书记汪洋到河源就扶贫开发“规划到户、责任到人”进行专题调研，看望慰问困难群众。汪洋指出，全国最富的地方在广东，最穷的地方也在广东，到现在这个发展阶段，最穷的地方还在广东，这是广东之耻，是先富地区之耻。因此，必须坚决打好缩小贫富差距这场硬仗，并以此把转变发展方式的工作落到实处。见 http://politics.people.com.cn/GB/14562/11265106.html。

② 欧阳建国：《广东区域经济差异的动态计量分析与协调发展研究》，广东省委党校“十一五”哲学社会科学规划课题，2010 年 10 月；欧阳建国、余甫功、欧晓万：《区域经济差异的 σ 收敛——基于广东各地区数据的实证分析》，《湖北社会科学》2009 年第 4 期；余甫功、欧阳建国、欧晓万：《区域经济差异的多指标测度》，《经济论坛》2009 年第 6 期。

转移和劳动力转移的决定》[1]，拟从产业发展和人口优化的层面来推动广东区域的协调发展。2008 年 6 月，广东省委、省政府依据主体功能区理论，统筹考虑区域未来的人口集聚流动、经济发展态势、国土利用、城镇化格局和生态功能，把全省划分为都市发展区、优化发展区、重点发展区和生态发展区四个区域类型，韶关、河源、梅州被列为生态发展区。

2010 年广东省委、省政府又召开了第 11 次广东山区发展工作会议。会议上汪洋同志作了《坚持走生态文明发展道路　奋力推动山区实现跨越发展》[2]的重要讲话，会后省委、省政府出台了《中共广东省委　广东省人民政府关于促进粤北山区跨越发展的指导意见》[3]。汪洋同志的讲话和省委、省政府的指导意见，从全省资源环境、人口、社会经济全面协调发展的视角，充分考虑粤北山区资源环境的承载能力、现有开发强度和发展潜力，立足粤北山区生态服务主体功能的定位，指出粤北山区要走生态文明发展道路，要以“双转移”为抓手，力促山区县域经济的大发展。要充分发挥山区资源禀赋优势和后发优势，加快建设具有生态循环型特色的现代产业。要加大对山区发展的政策扶持，建立支持山区生态发展的长效机制、建立自然生态资源有偿使用和生态补偿机制。2012 年 4 月，《广东省生态保护补偿办法》[4] 公布实施。

“坚持绿色发展道路——供给生态公共服务产品——以‘双转移’为抓手，建设具有生态循环型特色的现代产业——建立扶持山区生态发展的长效机制和生态补偿机制”勾勒出了广东生态发展区的发展方向和广东区域协调发展总体战略新模式。这是在区域发展中贯彻落实科学发展观的重大战略举措，也是促进广东区域协调发展的一个新思路。

按照建设主体功能区的新思路，突出了区域空间诸多功能中最重要的主体功能，强调主体功能与辅助功能的良性互动。就粤北生态发展区来说，要形成

---

① 中共广东省委：《中共广东省委、广东省人民政府关于推进产业转移和劳动力转移的决定》，粤委［2008］5 号。

② 汪洋：《坚持走生态文明发展道路，奋力推动山区实现跨越发展》，《粤办通报》2010 年第 2 期，中共广东省委办公厅，2010 年 1 月 15 日。

③ 中共广东省委、广东省政府：《关于促进粤北山区跨越发展的指导意见》，粤发［2010］5 号。

④ 广东省政府办公厅：《广东省生态保护补偿办法》，粤府办［2012］35 号。

“广东的绿屏保护和点状片区的新增长极”①，其主体功能是供给公共生态服务产品，实现在保护生态资源环境中发展经济，在发展经济中保护生态资源环境的战略目标。而要实现生态发展区的这一战略目标，笔者认为至少有四项关键性的工作要做好。

第一，要评估生态区域内生态资源的公共生态服务产品价值。从公共产品理论来看，生态是一种公共产品，具有消费的非排他性的特点，部分人为了提供或保护这种生态产品而付出了代价，但其他人可以“搭便车”，轻易享受此产品带来的好处，这使生态容易过度使用，从而产生“公地悲剧”。从外部性理论来看，生态环境建设也存在很强的外部性。森林、河流与耕地资源不仅有自身的经济价值，而且还有涵养水源、防止水土流失、调节大气等生态服务功能，其社会价值和生态价值远远高于生态发展区居民的经济价值。但是长期以来生态发展区居民和当地政府为保护和建设生态资源作出了贡献，在市场上却得不到经济上的回报，而受益区域在经济发展增长中却很少考虑生态保护与建设区域中人们所付出的社会成本，更不会对其有所承担。这样，资源与环境作为公共产品的良性发展也就不可能完全经由市场机制来自动完成。粤北生态资源是广东省的生态屏障，是广东省乃至全国的公共产品，从公共经济理论来看，建立生态保护补偿机制的核心责任应是广东省政府和中央政府的事权。有关政府将按照生态发展区所生产提供的公共生态服务价值的多少进行政府的公共购买。省级政府也将按照其价值量的大小来考核地方政府的工作绩效，判别生态发展战略的价值取向。

第二，要评估生态发展区保护生态环境所承担的机会成本（发展权损失）。生态发展区是为了保护资源环境、实现可持续发展而划定的，体现了以人为本的科学发展理念。但是，生态发展区被限制的是资源开发，而不是人的发展，生态发展区的居民与其他开发区的居民一样，具有同等的发展权。在生态发展区，某些产业的发展可以受到限制，但居民的发展权不能受到限制。如果因为限制资源开发而限制了他们的发展权，政府应通过财政转移支付来“购买”。这种“购买”或是体现在当地，如改善那里的基础设施条件，增加那里

---

① 朱小丹：《广东探索主体功能区建设新路子》，《行政管理改革》2011年第4期。

的公共品供给，提高当地的物质文化生活水平等；或是体现在人口与劳动力向外地的转移上，如免费提供技能培训、对劳动力异地就业和迁居给予财政补贴，引导那里的超载人口逐步有序地转移到其他适宜地区，使他们到迁居地获得应有的发展权。在这个意义上，生态发展区农民的外出打工、举家迁移，会促进主体功能区建设，有助于广东区域协调发展总体战略的实施。因此，政府对生态发展区的财政转移支付既不是“恩赐”，也不是“援助”，而是对那里的居民牺牲发展权的“等价补偿”，是他们应有的权利。诚然，做到“等价补偿”需要对损失的发展权作出适当的评估。

第三，要建立科学的生态补偿机制和制定可行的生态补偿政策。生态补偿是协调经济发展和生态资源环境保护非常有效的措施。然而，广东省乃至全国对生态补偿研究还处于初始的探索阶段。尤其是在区域生态补偿研究方面，不论是在理论层面，还是在政策实践层面，较为成熟的研究成果尚不多见，这就需要我们对区域生态补偿进行认真研究，为建立科学的生态补偿机制和制定可行的生态补偿政策提供理论和实践指导。按照生态补偿的理论框架，补偿主体与客体、补偿标准和补偿内容方式都是其中的关键问题，也是区域生态补偿实践中的难点，它们共同构成区域生态补偿机制的核心内容。如何在评估和测算生态系统服务功能价值和生态发展区居民保护生态环境机会成本的基础上，结合广东省经济发展的实际水平和广东省内居民的支付意愿，构建较有操作性和广东特色的区域生态补偿机制以及具体的补偿政策等都是急待解决的问题。

第四，要构建生态发展区的现代生态产业体系。国外与国内的实践都证实，发展现代的生态产业体系是实现节约资源和减少污染的最有效途径。在目前的经济发展水平和制度环境下，生态发展区不仅要承担和完成生态公共服务供给的重任，同时还必须在资源承载能力和环境容量有限的前提下努力发展经济。选择生态发展区的适宜产业、探索生态资源的产业化和产业发展的生态化模式，实现在保护中发展和在发展中保护、经济效益和生态效益良性互动的绿色发展战略目标。

二、本书研究内容、方法与技术路线

上述四项工作对于广东区域协调发展战略的实施和缩小广东区域差异具有

十分重要的意义，本研究拟对此进行较为深入的调查研究与探索。本项调查研究的核心思想是通过生态服务价值的测算和评估来确立建立生态发展区生态补偿机制的紧迫性和重要性。通过对全国和广东省经济发展现状的统计与计量分析，测评生态发展区居民所承担的机会成本大小，并据此判断上级政府对生态发展区进行生态补偿的程度和进程。通过建立现代生态产业体系的研究来确立生态发展区的经济发展进程。最终通过生态服务价值实现和生态产业经济价值实现这个两维向量空间来探索生态发展区实现科学发展的道路。本项研究主要采用规范研究与实证研究相结合的分析方法。本研究将通过实证研究来测算与评估生态发展区的生态价值量、估计生态发展区居民与广东全省居民收入的差异程度、测算与评估生态补偿政策的效应以及在生态资源环境约束的条件下进行分行业的生态资源环境与经济综合效益测算。同时，以实证分析部分的结论作为价值标准，运用规范性的研究方法来探索建立生态补偿机制的紧迫性和必要性、探索建立现代生态产业体系的可能性和实现路径。调研的技术路线如下图所示。

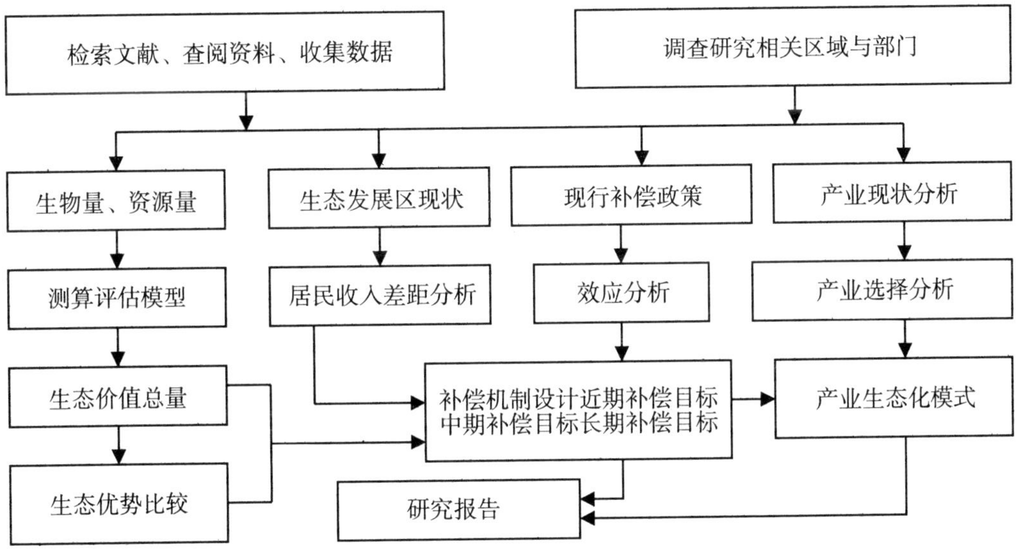

本书调研技术路线图

第一章 广东生态发展区概况[①]

2008年广东省委、省政府确立了韶关、河源和梅州三市为生态发展区，2010年广东主体功能区规划初稿中把全省大约三分之一面积划入生态发展区域，包括北江上游片区12个县、东江上游片区6个县、韩江上游片区7个县、鉴江上游片区的信宜市、西江流域片区的封开和郁南2个县、海岛型片区的南澳县，共29个县（市、区）。鉴于目前尚未正式发布广东省主体功能区规划[②]，再加上时间有限，在本次的省情调查和专项研究中，仍然以韶关、河源和梅州三市作为研究的样本，显然这并不会影响我们研究结论的正确性和一般性。

韶关、河源、梅州三市地处粤北山区，共同承担着广东生态屏障与重要饮用水源地建设的重任。生态发展区的共同特点是生态环境资源保持良好，生态

---

① 本章数据来源于：广东省国土资源厅：《广东省地市标准地图服务》，http://www.gdlr.gov.cn/cms/directory/StandardMap_gd.jsp；韶关市人民政府：《2010年韶关市国民经济和社会发展统计公报》，http://www.shaoguan.gov.cn/website/portal/；河源市人民政府：《2010年河源市国民经济和社会发展统计公报》，http://www.heyuan.gov.cn/jsp_submit/seek.jsp；梅州市人民政府：《2010年梅州市国民经济和社会发展统计公报》，http://www.meizhou.gov.cn/zwgk/tjsj/tjnb/；韶关市统计局：《韶关统计年鉴2011》，http://www.sgtjj.gov.cn/；河源市统计局：《河源统计年鉴2011》，http://stats.heyuan.gov.cn/；梅州市统计局：《梅州统计年鉴2011》，http://stats.meizhou.gov.cn/；韶关市林业局：《韶关市森林资源档案数据统计报表》，2011年；河源市林业局：《河源市森林资源档案数据统计报表》，2011年；梅州市林业局：《梅州市森林资源档案数据统计报表》，2011年；广东省统计局：《广东统计年鉴2011》，http://www.gdstats.gov.cn/；国家统计局：《中国统计年鉴2011》，http://www.stats.gov.cn/。

② 2012年9月《广东省主体功能区规划》正式颁布，重点生态功能区以南岭山地为主体，包括国家重点生态功能区南岭山地森林及生物多样性生态功能区粤北部分，省级重点生态功能区——北江上游、东江上游、韩江上游、西江流域、鉴江上游5个片区和分布在重点开发区域的7个山区县的29个生态镇。2010年，该区域总面积61146平方公里，占全省的33.99%。

资源存量巨大，但是经济发展却相对滞后，产业结构不尽合理，能源强度大。计算分析统计部门的数据表明，2010 年三市的林地面积 386. 09 万公顷，占广东全省林地面积的 38. 3%；活立木蓄积量 1. 534 亿立方米，占全省的 38. 3%；韶关、河源和梅州的森林覆盖率分别达到 71. 5%、71. 2%和 69. 4%，分别高出广东全省森林覆盖率 14. 5、14. 2 和 12. 4 个百分点。生态发展区三市的常住人口占到广东全省常住人口近一成，国土面积是全省的 27. 8%，但是地区生产总值只有 1771 亿元，仅为广东全省地区生产总值的 3. 8%，人均 GDP 的 39. 5%，地方财政预算收入的 2. 5%。万元 GDP 能耗除河源市为 0. 8 吨标准煤外，韶关、梅州分别高达 1. 71 吨和 1. 189 吨标准煤，远远高于全省万元 GDP 能耗 0. 664 吨标准煤的平均水平。本课题组通过走访调查、查阅大量的文献资料以及计算分析后，对生态发展区韶关、河源和梅州三市的自然地理条件、生态资源环境与社会经济发展现状进行了梳理与分析。

第一节　生态资源与环境现状

一、自然地理概况

（一）地理位置

如图1-1 所示，广东生态发展区三市韶关、河源和梅州依次相连，位于东经 112°50′至东经 116°56′，北纬 23°10′至北纬 25°31′之间，在广东省的北部和东北部。北面韶关的西北面、北面和东北面与湖南省郴州市、江西省赣州市交界，西连清远市，南邻广州市、惠州市。中间的河源东南接惠州市，北邻江西省赣州市。东面的梅州则与江西、福建交界，南接省内的潮州、揭阳和汕尾。

（二）气候条件

生态发展区三市气候均属亚热带湿润型季风气候区，一年四季均受季风影响，春季阴雨连绵，秋季降水偏少，冬季寒冷，夏季偏热。常年平均气温 20℃左右。三市雨量充沛，年均降雨 1400 毫米—2400 毫米，年日照时间 1473

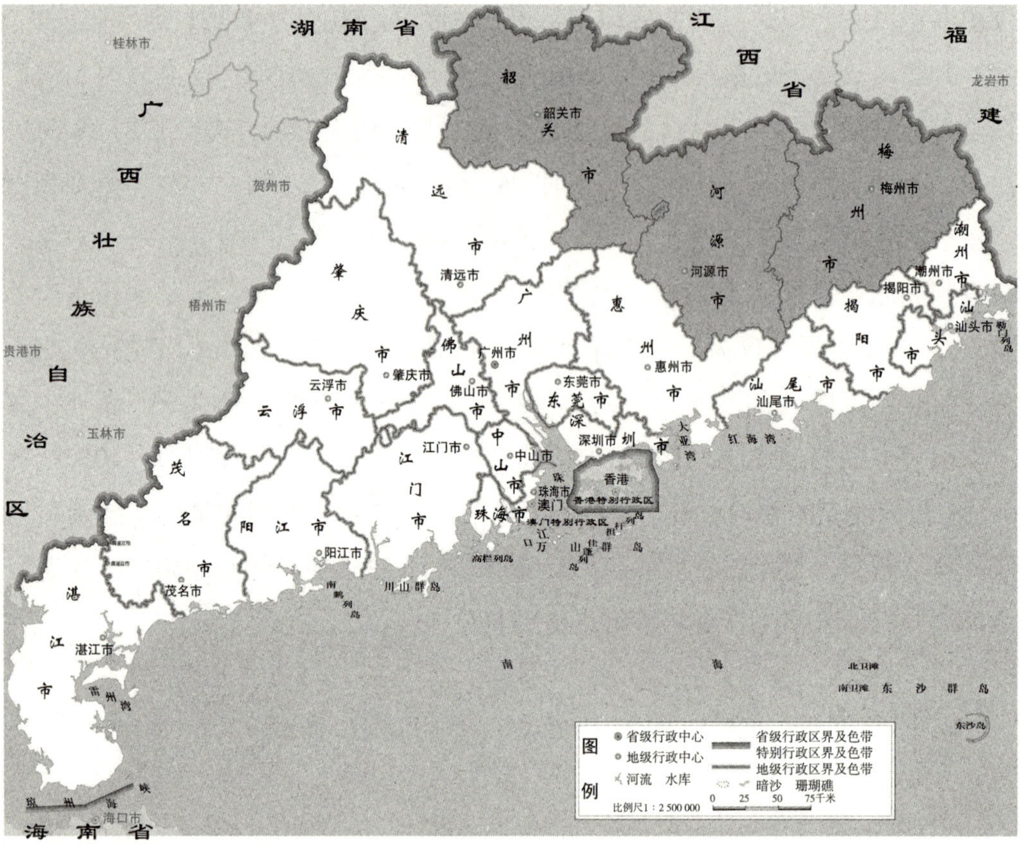

图 1-1 广东生态发展区三市地理位置

资料来源：广东省国土资源厅，2007 年。

小时—1925 小时，无霜期 310 天左右。光能、温度、降水配合较好，雨热基本同季，有利于植物生长和农业生产。

（三）地形地貌

如图1-2 所示，生态发展区三市地形以山地、丘陵为主。韶关自北向南，三列弧形山系排列成向南突出的弧形，构成了粤北地貌的基本格局：北列为蔚岭、大庾岭山地，长 140 公里；中列为大东山、瑶岭山地，长 250 公里；南列为起微山、青云山山地，长 270 公里。其间分布两行河谷盆地，包括南雄盆地、仁化董塘盆地、坪石盆地、乐昌盆地、韶关盆地和翁源盆地。红色岩系构成的丘陵、台地分布较广，特征显著。仁化丹霞山一带以独特的红岩

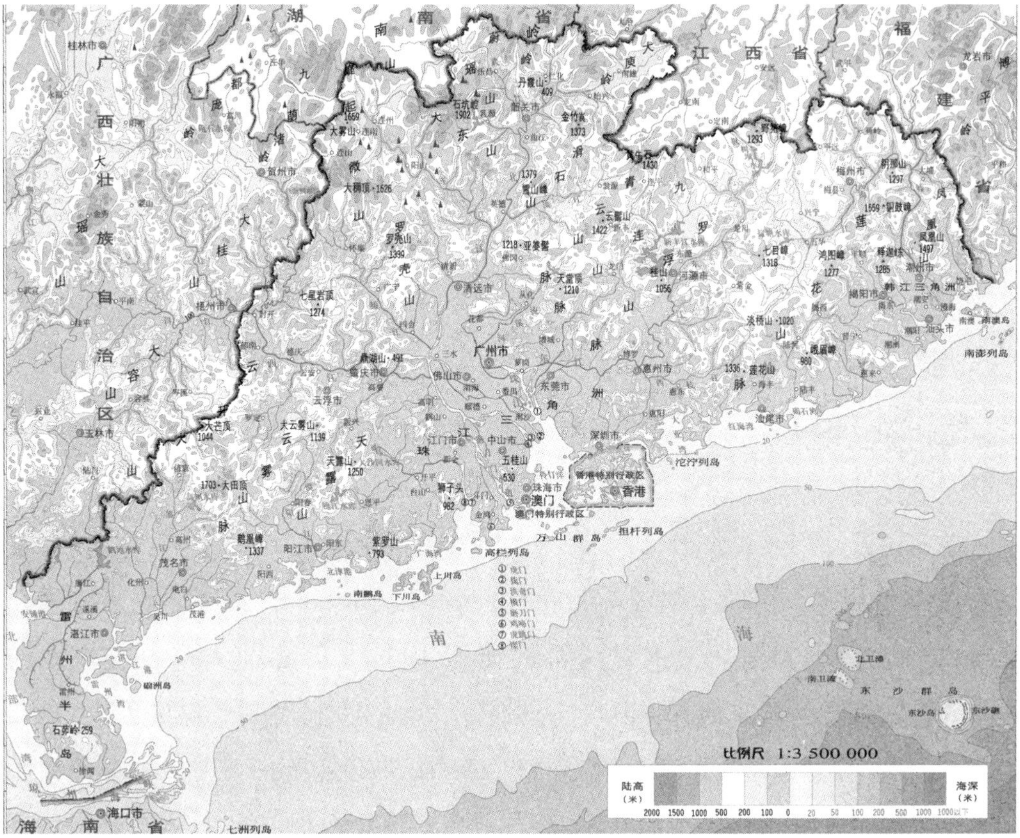

图 1-2　广东省地势图

资料来源：广东省国土资源厅，2007 年。

地貌闻名于世，是中国典型的“丹霞地貌”所在地和命名地，面积约 280 平方公里，山群呈峰林结构，有各种奇峰异石 600 多座。南雄、坪石等盆地属红岩类型，南雄盆地幅员较广，岩层有十分丰富的古生物化石。全市境内山峦起伏，高峰耸立，中低山广布。北部地势为全省最高，位于广东乳源、阳山与湖南省宜章交界的石坑崆，海拔 1902 米，为广东第一高峰。南部地势较低，市区海拔在最低 35 米。河源山地占 53%，丘陵占 36%，谷地和平原占 11%。河源地处北回归线北缘，呈东西窄、南北狭长的地形特征，北部和南部群山重叠，西部和东部山岭包围，中间为一小平原，东江贯穿南北，整个地势自北向南倾斜，南北跨度大。梅州市地质构造比较复杂，主要由花岗岩、喷出岩、变质岩、砂页岩、红色岩和灰岩六大岩石构成台地、丘陵、山地、阶地和平原五大类地貌类型。全市山地面积占24.3%；丘陵及台地、阶地面积占56.6%；平原面积占13.7%；河流和水库等水面积占5.4%。市境地处五岭山脉以南，地势北高南低，山系主要由武夷山脉、莲花山脉、凤凰山脉三列山脉组成。海拔千米以上的高峰有140多座，其中位于丰顺县的铜鼓嶂海拔1560米，是梅州第一高峰。境内主要盆地有兴宁盆地，面积302平方公里；梅江盆地，面积110平方公里；蕉岭盆地，面积100平方公里；汤坑盆地，面积100平方公里。

二、生态资源现状

（一）土地与森林资源

生态发展区三市的土地资源和森林资源都十分丰富。其中韶关市土地总面积18463平方公里，其中常用耕地面积196.14万亩，人均占有耕地约0.693亩。森林资源总面积180.74万公顷，活立木总蓄积量6928万立方米，森林覆盖率72.5%。河源市土地总面积15624平方公里，其中常用耕地面积165.9万亩，人均占有耕地约0.56亩。森林资源总面积108.53万公顷，活立木总蓄积量4778.5万立方米，森林覆盖率71.2%。梅州市土地总面积15899.62平方公里，其中常用耕地面积244.6万亩，人均占有耕地约0.576亩，森林资源总面积107.6万公顷，活立木总蓄积量2244.8万立方米，森林覆盖率69.4%。

（二）动植物资源

生态发展区三市素有广东省野生动植物“基因库”之称。其中，韶关市陆生脊椎野生动物有515种，占广东省陆生脊椎野生动物740种的69.5%。列入国家一级保护动物的有华南虎、云豹、林麝、黄腹角雉、瑶山鳄蜥、蟒蛇等8种，国家二级保护动物有穿山甲、短尾猴、豺、黑熊、水獭、大灵猫、小灵猫、青鼬、金猫、水鹿、斑林狸、黑冠鹃隼、黑鸢、蛇雕、凤头蜂鹰、白腹鹞、林雕、灰背隼、红隼、燕隼、游隼、白鹇、褐翅鸦鹃、小鸦鹃、黄嘴角鸮、领角鸮、山瑞鳖、虎纹蛙等67种，占广东省国家重点保护野生动物103

种的61.2%。韶关市有高等植物2686种，列入国家重点保护的有红豆杉、伯乐树、观光木、伞花木、银杏、水杉、水松、南方铁杉、猪血木、金毛狗、桫椤、小黑桫椤、广东松、福建柏、篦子三尖杉、樟树、闽楠、任木、毛红椿子等39种；还有野生珍稀濒危植物银鹊树、吊皮锥、巴戟天、短萼黄连、乐东拟单性木兰、穗花杉、长苞铁杉。河源市动物种类有200种，其中有水鹿、苏门羚及白鹇、穿山甲等国家二级保护动物。植物种类近千种，境内主要野生植物有树木、山竹、经济林、花草、中草药等五大类。全市除松树、杉树外，还有较为珍贵的用材林赤黎、白黎、白稠、黄稠、黄樟、山杜英等等。梅州市动植物种类繁多，经济价值较大的主要是兽类和鸟类，有200多种，两栖、爬行类动物有100种以上，植物资源境内有2000多种高等植物。

（三）水资源

生态发展区三市的水资源十分丰富。其中韶关境内河流主要属珠江水系北江流域。浈江为北江干流，自北向南贯穿全境，大小支流密布。主要支流有墨江、锦江、武江、南水。新丰县新丰江则属东江流域。全市有集雨面积100平方公里以上的河流62条，其中1000平方公里以上的河流8条。河源市集雨面积在100平方公里以上的河流有47条，其中属东江水系39条，韩江水系6条，北江水系2条；集雨面积超过1000平方公里的河流有安远河、浰江、新丰江、船塘河、秋江和东江6条河流。三市水力资源丰富，韶关水力资源理论蕴藏量约174.49万千瓦，其中可开发水电装机容量有169.92万千瓦，已开发装机容量146.6万千瓦。河源市水力资源理论蕴藏量149.8万千瓦，占全省的18%。其中可开发水力资源量达114.3万千瓦，已开发建成水电装机容量79.56万千瓦，梅州境内水力资源理论蕴藏量为131.37万千瓦。尤其值得一提的是，发源于韶关新丰和河源连平、和平县，地处河源境内的新丰江水库，蓄水量达139亿立方米。“水质长期保持在Ⅰ类水质标准。”①

---

① 龚建文、周永章、张正栋：《广东新丰江水库饮用水源地生态补偿机制建设探讨》，《热带地理》2010年第1期。

（四）矿产资源

生态发展区三市拥有较为丰富的矿产资源。其中，韶关市已探明的矿产资源储量中：煤13115万吨，铁矿石3417万吨，锰矿石74万吨，铜矿石8635万吨，铅矿石10117万吨，锌矿石14087万吨，钨矿石18816万吨，钼矿石11505万吨，锑矿石248万吨，铋矿石12823万吨。河源市主要有铁、钨、铅、锌、锡、钛、铀、萤石、石英石、水泥用灰岩、陶瓷土、稀土、建筑用砂、地热水、矿泉水等矿种。共探明铁矿储量2.7亿吨，占全省总量的39%，铅锌矿储量金属铅30万吨，锌60万吨，分别占全省总量的5.8%和6.8%，探明钨矿储量氧化钨11万吨，占全省总量的26.9%；探明石灰石储量2亿多吨，占全省总量的8.5%，陶瓷土储量近3000万吨；探明萤石矿储量301万吨，占全省总量的50.4%；探明锡矿储量14.1万吨，稀土储量近8万吨，石英石矿储量近2亿吨。梅州市已发现的矿产有54种，已开发利用40种，共有矿区274个。金属类有铁、锰、铜、铅、锌、钨、锡、铋、钼、银、锑、钒、钛、钴、稀土氧化物等，非金属类有煤、石灰石、瓷土、石膏、大理石、钾长石等。

三、环境保护现状

（一）韶关市环境保护现状

2010年韶关市废水排放总量1.95亿吨，其中工业废水排放量0.95亿吨，工业废水排放达标率为87.22%。工业废气排放总量1445.89亿标立方米，工业烟尘排放总量0.89万吨，工业烟尘去除率99.17%，工业烟尘排放达标率72.93%；工业粉尘排放量3808吨，工业粉尘去除率99.53%，工业粉尘排放达标率92.5%。工业固体废物产生量962.78万吨，工业固体废物排放量1.18万吨，工业固体废物综合利用率89.85%，工业固体废物处置率0.53%。城镇污水处理率53.62%，城镇生活垃圾无公害化处理率100%。

（二）河源市环境保护现状

2010年河源市废水排放总量1.36亿吨，其中工业废水排放量0.32亿吨，工业废水排放达标率98.71%。工业废气排放量1224.61亿标立方米，工业烟尘排放总量0.18万吨，工业烟尘去除率99.40%，工业烟尘排放达标率99.39%；工业粉尘排放量816.62吨，工业粉尘去除率89.38%，工业粉尘排放达标率99.70%。工业固体废物产生量169.05万吨，工业固体废物排放量4.54万吨，工业固体废物综合利用率70.67%，工业固体废物处置率26.65%。城镇污水处理率43.01%，城镇生活垃圾无公害化处理率96.5%。

（三）梅州市环境保护现状

2010年梅州市废水排放总量1.46亿吨，工业废水排放量0.34亿吨，工业废水排放达标率97.28%。工业废气排放量1224.70亿标立方米，工业烟尘排放总量0.61万吨，工业烟尘去除率98.31%。工业烟尘排放达标率96.02%，工业粉尘排放量5550.79吨，工业粉尘去除率99.53%，工业粉尘排放达标率95.20%。工业固体废物产生量478.66万吨，工业固体废物排放量0.01万吨，工业固体废物综合利用率88.10%，工业固体废物处置率11.49%。城镇污水处理率33.74%，城镇生活垃圾无公害化处理率100%。

四、资源环境的差异分析

（一）主要资源差异

生态发展区由于经济规模较小，目前在资源与环境方面较广东其他地区仍具有较好的优势。主要表现为土地资源较为丰富，森林资源、水资源，特别是优质水资源在全省的比重较大。图1-3是生态发展区三市主要资源在广东全省所占的比重。表1-1是生态发展区主要资源的人均拥有量以及与全省和全国人均水平的比较。字母A、SA、HA、MA分别表示生态发展区及其三市与广东省平均水平的比较，字母B、SB、HB、MB分别表示生态发展区及其三市与全国平均水平的比较。图中数据显示，生态发展区三市的土地面积占广东全省的

27.8%，有林地面积占广东全省的35.41%，活立木蓄积量占广东全省的35.3%，水资源量占广东全省的23.54%，水利资源理论蕴藏量占广东全省的35.34%。表中数据显示，生态发展区三市的人均耕地拥有量比广东全省的平均水平高出0.21亩，但比全国的平均水平低0.74亩。所以耕地资源在广东是非常稀缺的。表中的数据还显示，生态发展区的森林覆盖率大大超过广东和全国的水平，比广东省和全国的森林覆盖率分别高出13.7个和50.3个百分点，其中森林覆盖率最高的韶关市高出广东省14.5个百分点，高出全国51.1个百分点。生态发展区的人均有林地比广东省多出3.68亩，比全国多出1.63亩。人均活立木蓄积量比广东全省多出11.25m^3，比全国多出4.33m^3。人均水资源拥有量比广东全省多出2776m^3，比全国多出2385m^3。

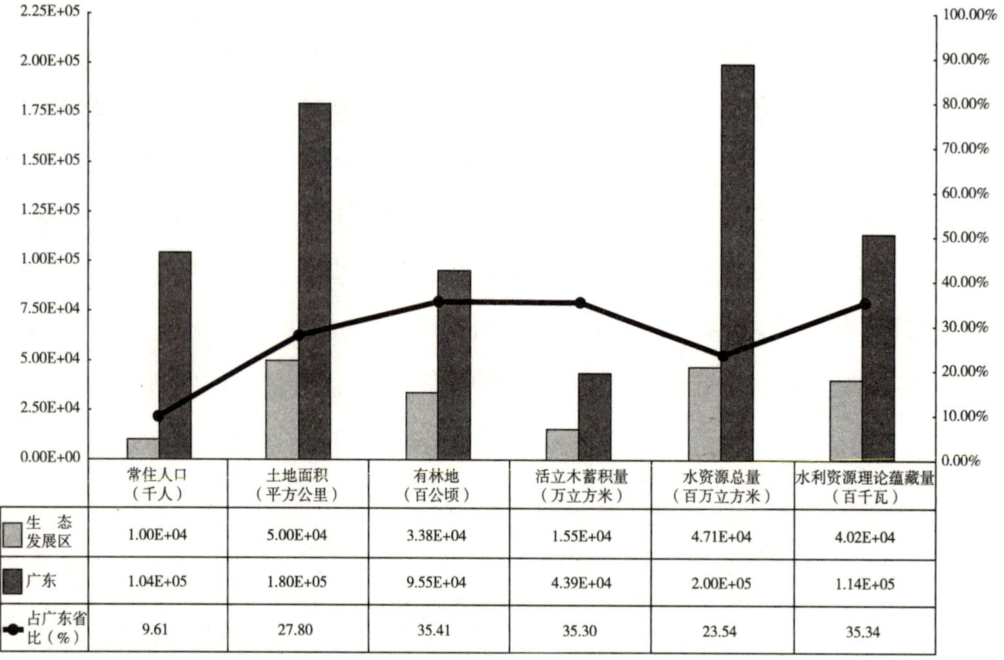

	常住人口（千人）	土地面积（平方公里）	有林地（百公顷）	活立木蓄积量（万立方米）	水资源总量（百万立方米）	水利资源理论蕴藏量（百千瓦）
生态发展区	1.00E+04	5.00E+04	3.38E+04	1.55E+04	4.71E+04	4.02E+04
广东	1.04E+05	1.80E+05	9.55E+04	4.39E+04	2.00E+05	1.14E+05
占广东省比（%）	9.61	27.80	35.41	35.30	23.54	35.34

图1-3　生态发展区三市主要资源在广东省的比重①

资料来源：笔者根据《广东省统计年鉴2011》进行整理研究计算绘制。

① 本书采用科学计数法，AE+B表示A×10^B，本书下同。

表 1-1　生态发展区主要资源人均拥有量

	森林覆盖率（%）	人均耕地（亩/人）	人均有林地（亩/人）	人均活立木蓄积量（m^3/人）	人均水资源量（m^3/人）
韶关	71.50	0.69	6.46	24.48	6357.50
河源	71.20	0.60	5.50	16.15	5532.76
梅州	69.40	0.58	3.80	8.93	2992.04
生态区	70.70	0.62	5.05	15.45	4690.52
广东	57.00	0.41	1.37	4.20	1914.39
全国	20.40	1.36	3.42	11.12	2304.88
绝对差 SA	14.50	0.28	5.09	20.28	4443.11
绝对差 HA	14.20	0.19	4.13	11.95	3618.37
绝对差 MA	12.40	0.17	2.43	4.73	1077.65
绝对差 A	13.70	0.21	3.68	11.25	2776.13
绝对差 SB	51.10	-0.67	3.04	13.36	4052.62
绝对差 HB	50.80	-0.76	2.08	5.03	3227.88
绝对差 MB	49.00	-0.78	0.38	-2.19	687.16
绝对差 B	50.30	-0.74	1.63	4.33	2385.64

资料来源：笔者根据《广东省统计年鉴 2011》、《中国统计年鉴 2011》、韶关市森林资源档案数据统计报表、河源市森林资源档案数据统计报表、梅州市森林资源档案数据统计报表整理研究计算制表。

（二）环境状况比较

主要以“三废”排放来说明环境状况。图 1-4 是生态发展区三市 2010 年“三废”排放的绝对量数据。图中显示，生态发展区的排放总量较广东全省而言是比较小的。图 1-5 是生态发展区三市 2010 年“三废”排放量与广东省排放水平的相对差比较。图中数据显示，生态发展区工业废水的排放量是广东省的 8.61%，其中韶关为广东省的 5.08%，河源为广东省的 1.71%，梅州为广东省的 1.82%。生态发展区工业废气的排放量是广东省的 12.54%，工业烟尘的排放量是广东省的 5.4%，工业粉尘的排放量是广东省的 9.81%，工业固废的排放量是广东的 40.35%。工业固废的排放量极高，主要来源于河源，其次来源于韶关，对此两地政府应引起高度的重视。其他污染排放量与广东全省水平比较，相对还较小，但是，这是在经济总量较小的条件下产生的。

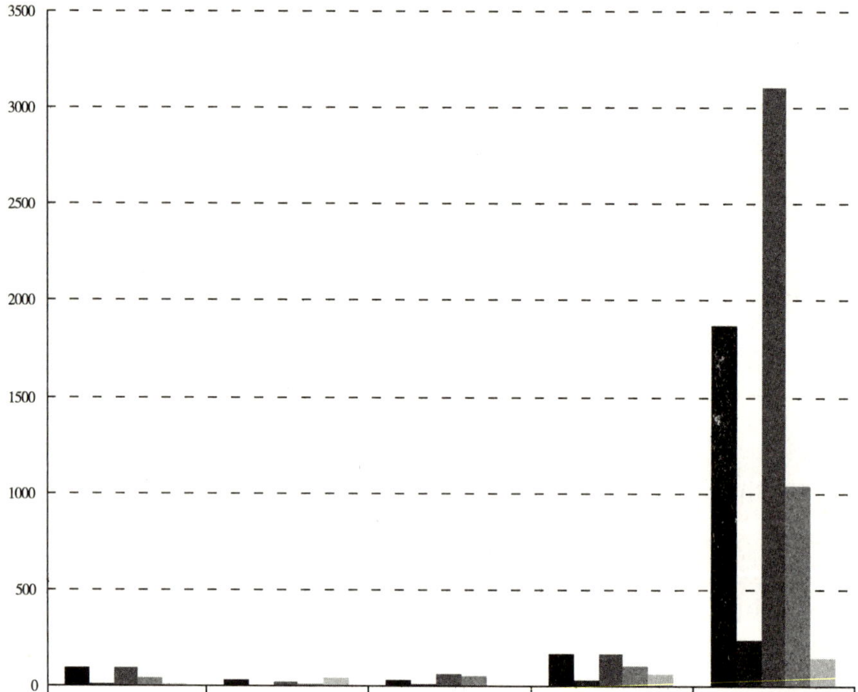

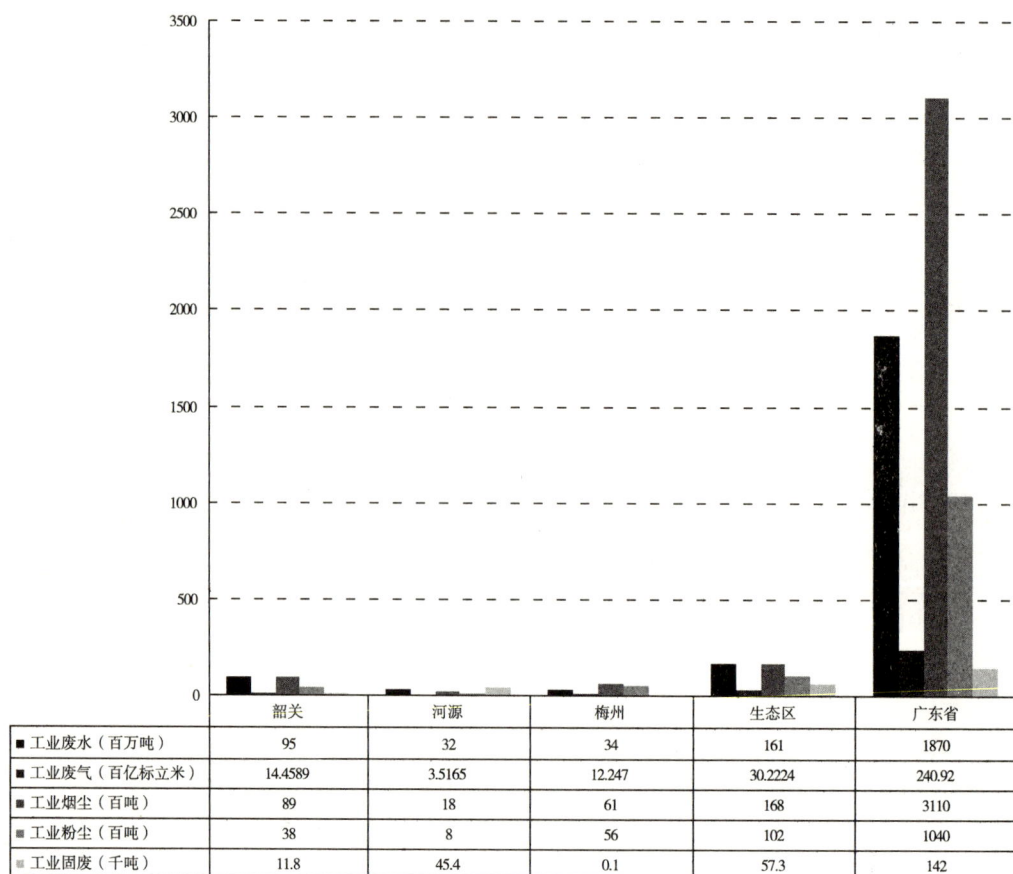

	韶关	河源	梅州	生态区	广东省
■ 工业废水（百万吨）	95	32	34	161	1870
■ 工业废气（百亿标立米）	14.4589	3.5165	12.247	30.2224	240.92
■ 工业烟尘（百吨）	89	18	61	168	3110
■ 工业粉尘（百吨）	38	8	56	102	1040
■ 工业固废（千吨）	11.8	45.4	0.1	57.3	142

图 1-4 生态发展区三市“三废”排放量

资料来源：笔者根据《广东省统计年鉴 2011》《韶关统计年鉴 2011》《河源统计年鉴 2011》《梅州统计年鉴 2011》进行整理研究计算绘制。

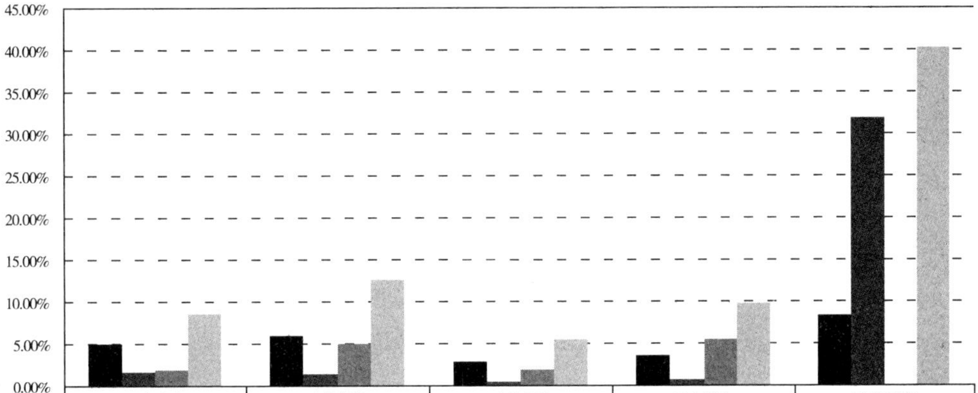

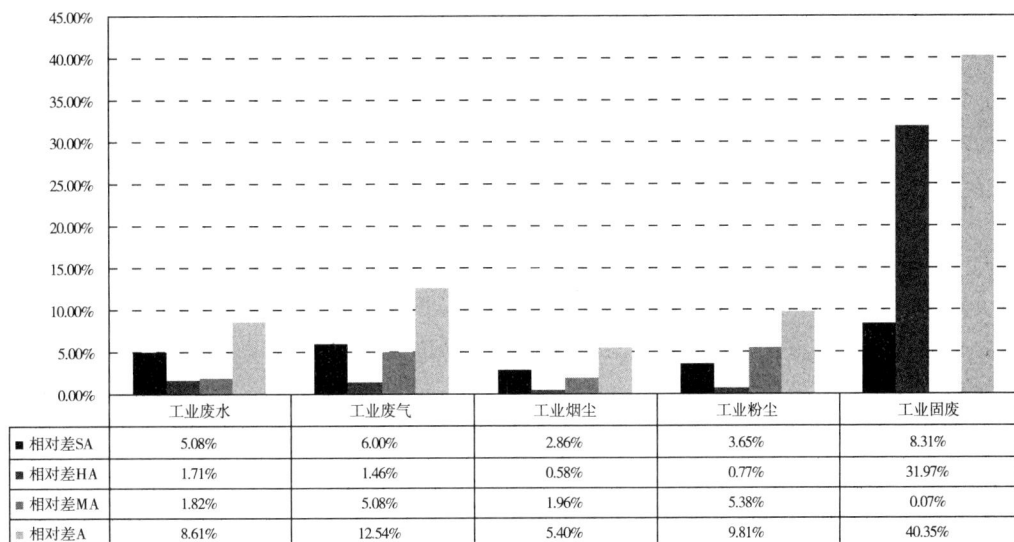

	工业废水	工业废气	工业烟尘	工业粉尘	工业固废
■ 相对差SA	5.08%	6.00%	2.86%	3.65%	8.31%
■ 相对差HA	1.71%	1.46%	0.58%	0.77%	31.97%
■ 相对差MA	1.82%	5.08%	1.96%	5.38%	0.07%
■ 相对差A	8.61%	12.54%	5.40%	9.81%	40.35%

图 1-5　生态发展区“三废”排放与广东全省的相对差异

资料来源：笔者根据《广东省统计年鉴 2011》《韶关统计年鉴 2011》《河源统计年鉴 2011》《梅州统计年鉴 2011》进行整理研究计算绘制。

第二节　生态发展区经济发展现状

一、经济总量水平

2010 年韶关市实现地区生产总值（GDP）683.1 亿元，比上年增长 12.5%，经济保持平稳较快增长，经济增长率连续 5 年高于全国、全省平均水平。“十一五”期间 GDP 年均增长 12.7%。按常住人口计算，2010 年全市人均地区生产总值 24050 元。

2010 年河源市实现地区生产总值（GDP）475.14 亿元，比上年增长 13.3%。“十一五”期间 GDP 年均增长 16.7%，比“十一五”规划目标高出 0.7 个百分点，比“十五”期间年均增速加快了 0.1 个百分点。2010 年全市人均地区生产总值 16301 元。

2010 年梅州市实现地区生产总值（GDP）612.85 亿元，比上年增长 14.1%，增幅超过全国、全省平均水平。“十一五”期间 GDP 年均增长 10.8%。

2010 年全市人均地区生产总值 14554 元。

2010 年生态发展区三个地级市地区生产总值（GDP）合计 1771.09 亿元，占广东省地区生产总值的 3.85%。经济总量较小。生态发展区三个地级市 2010 年人均 GDP 为 17653 元，只是广东省 2010 年人均 GDP44736 元的 39.5%。

2010 年生态发展区及三市主要经济总量指标、“十一五”期间生态发展区 GDP 在广东省的比重及 GDP 年均增速分别如图 1-6、图 1-7 和图 1-8 所示。

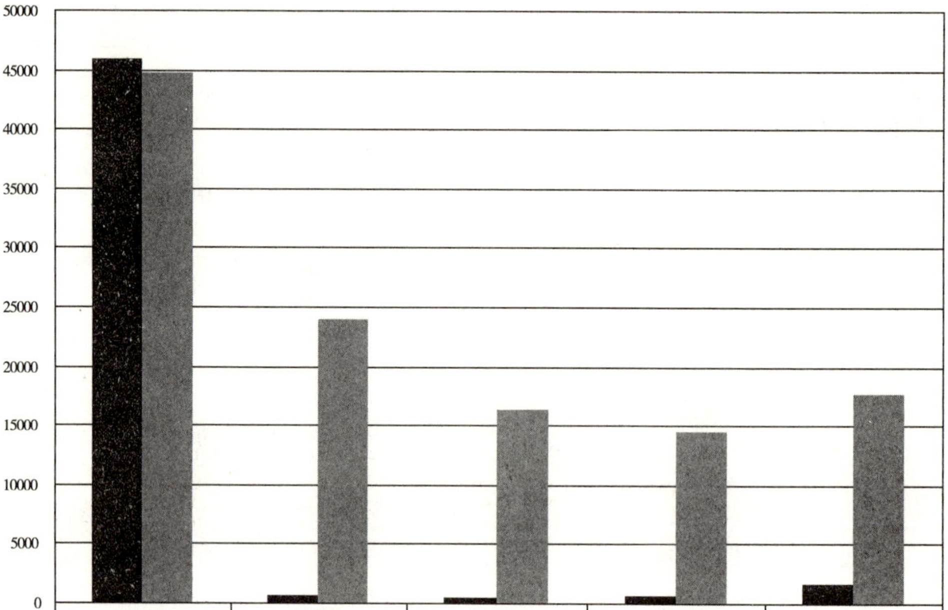

	广东省	韶关市	河源市	梅州市	三市合计
■ GDP（亿元）	46013	683	475	613	1771
■ 人均GDP(元)	44736	24050	16301	14554	17653

图 1-6　2010 年广东生态发展区主要经济指标

资料来源：笔者根据《广东统计年鉴 2011》进行整理研究计算绘制。

二、产业结构

2010 年韶关市第一产业增加值 95.90 亿元，增长 6%；第二产业增加值 285.38 亿元，增长 12.7%；第三产业增加值 301.82 亿元，增长 13.9%。三次产业结构比例为 14∶41.8∶44.2。

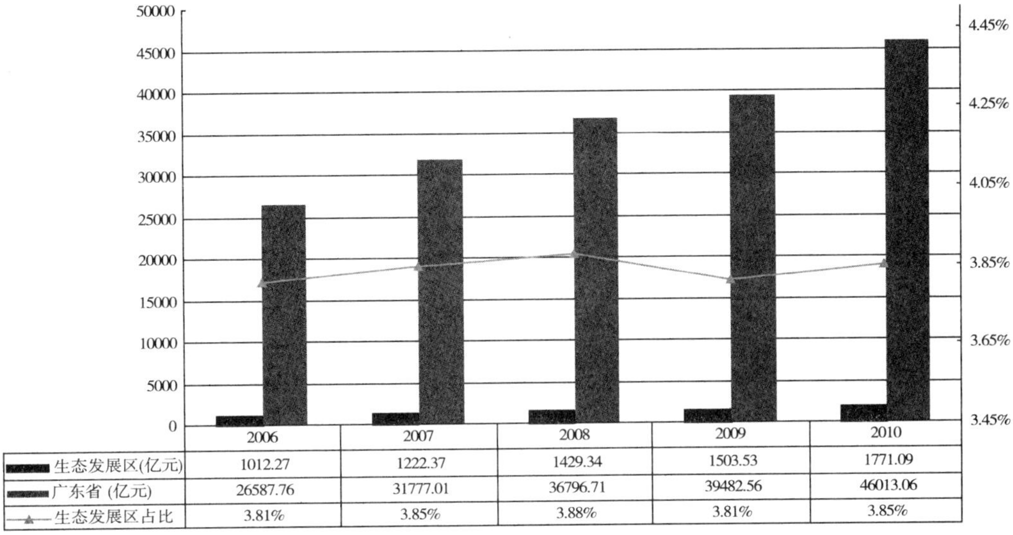

	2006	2007	2008	2009	2010
生态发展区(亿元)	1012.27	1222.37	1429.34	1503.53	1771.09
广东省 (亿元)	26587.76	31777.01	36796.71	39482.56	46013.06
生态发展区占比	3.81%	3.85%	3.88%	3.81%	3.85%

图 1-7　“十一五”期间广东生态发展区 GDP 占广东省的比重

资料来源：笔者根据《广东统计年鉴 2011》进行整理研究计算绘制。

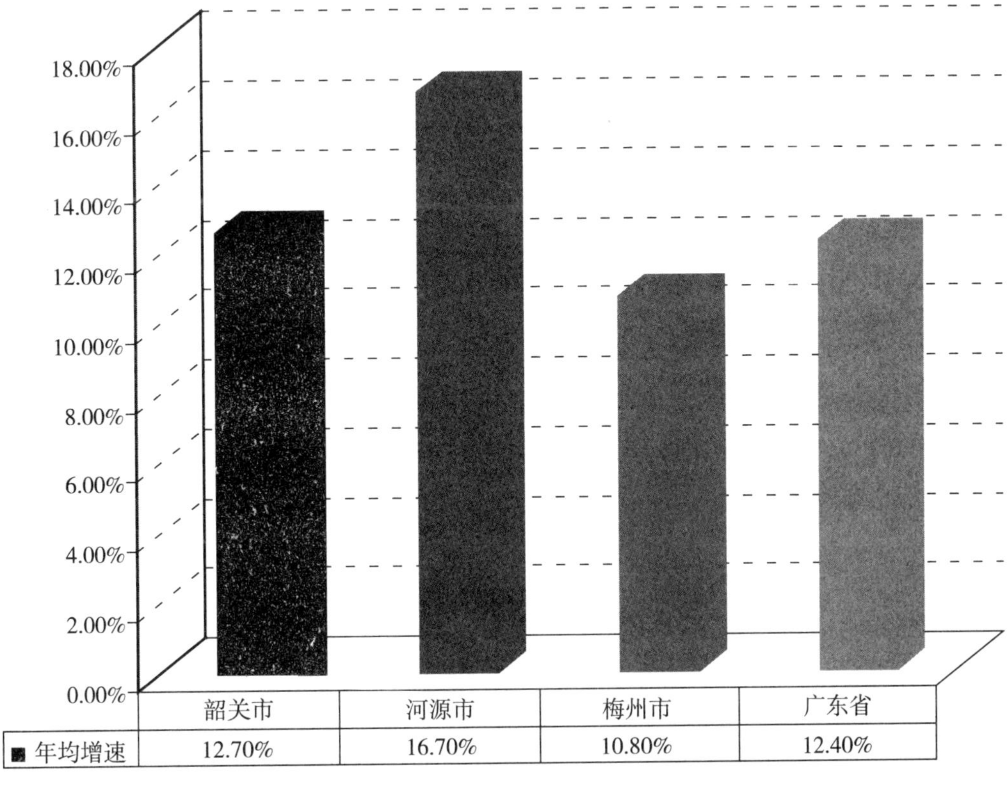

	韶关市	河源市	梅州市	广东省
年均增速	12.70%	16.70%	10.80%	12.40%

图 1-8　“十一五”期间广东生态发展区 GDP 年均增速

资料来源：笔者根据《广东统计年鉴 2011》进行整理研究计算绘制。

2010 年河源市第一产业增加值 60.44 亿元，增长 3.4%；第二产业增加值 244.45 亿元，增长 15.7%；第三产业增加值 170.26 亿元，增长 13.1%。三次产业结构比例为 12.7 : 51.5 : 35.8。

2010 年梅州市第一产业增加值 124.24 亿元，增长 6.6%；第二产业增加值 252.43 亿元，增长 17.8%；第三产业增加值 236.19 亿元，增长 13.6%。三次产业结构比例为 20.3 : 41.2 : 38.5。

综合来看，生态发展区三市 2010 年产业结构比例平均为 15.7 : 44.8 : 39.5，与广东省产业结构 5 : 50 : 45 的比例相比较，可以看出：生态发展区第一产业比重远远高于全省水平；第三产业发展较为滞后，对经济增长拉动较小。三市产业结构如图 1-9 所示。

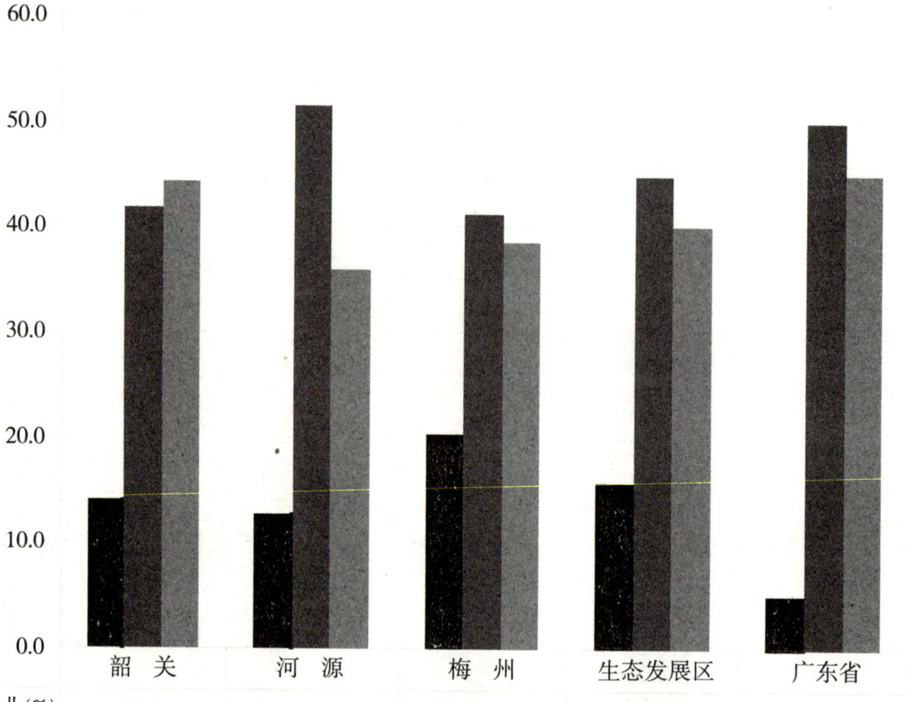

	韶关	河源	梅州	生态发展区	广东省
■ 第一产业(%)	14.0	12.7	20.3	15.8	5.0
■ 第二产业(%)	41.8	51.5	41.2	44.8	50.0
■ 第三产业(%)	44.2	35.8	38.5	40.0	45.0

图 1-9 生态发展区三市产业结构

资料来源：笔者根据《广东省统计年鉴 2011》《韶关统计年鉴 2011》《河源统计年鉴 2011》《梅州统计年鉴 2011》进行整理研究计算绘制。

三、政府与居民收入

图 1-10 是 2010 年生态发展区三市地方政府与城乡居民的收入数据。图中显示：2010 年韶关财政总收入为 143 亿元，地方财政一般预算收入 48 亿元，地方财政预算支出 100 亿元。城镇居民人均可支配收入 18021 元，农村居民人均纯收入 6317 元。

2010 年河源财政总收入为 104 亿元，地方财政一般预算收入 25 亿元，地方财政预算支出 95 亿元。城镇居民人均可支配收入 13177 元，农村居民人均纯收入 5645 元。

2010 年梅州财政总收入为 114.46 亿元，地方财政一般预算收入 39 亿元，地方财政预算支出 118 亿元。城镇居民人均可支配收入 14728 元，农村居民人均纯收入 6367 元。

2010 年生态发展区三市地方财政一般预算收入 112 亿元，地方财政预算支出 313 亿元，城镇居民人均可支配收入 15408 元，农村居民人均纯收入 6123 元。

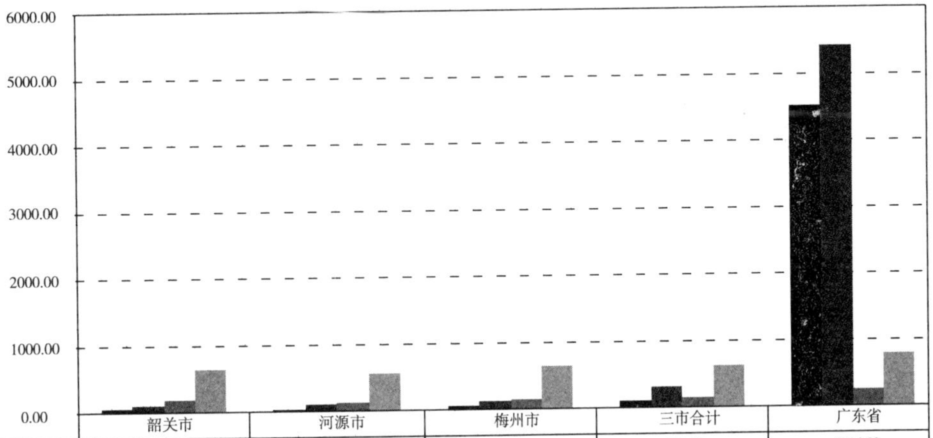

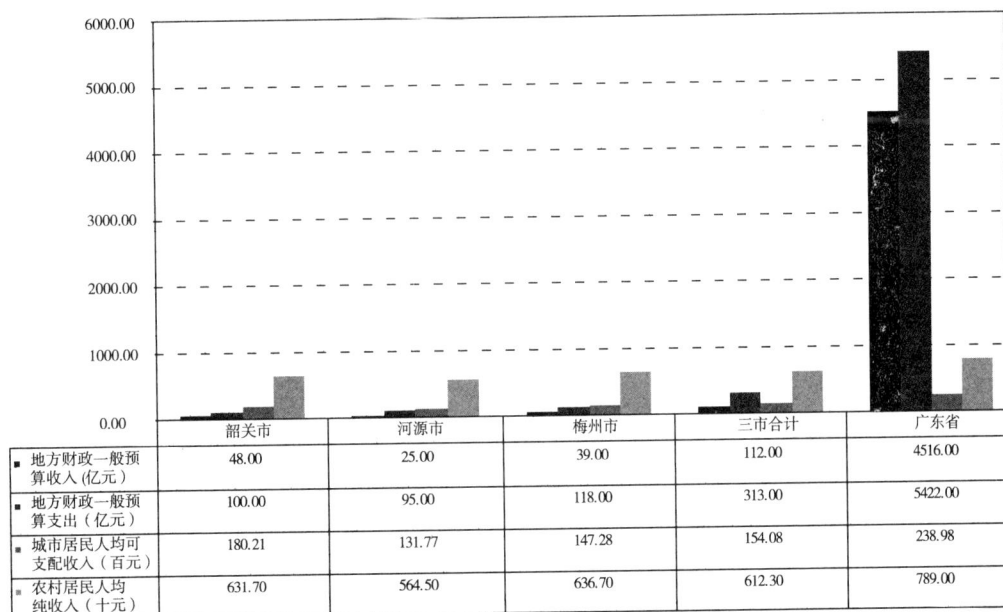

	韶关市	河源市	梅州市	三市合计	广东省
地方财政一般预算收入 (亿元)	48.00	25.00	39.00	112.00	4516.00
地方财政一般预算支出（亿元）	100.00	95.00	118.00	313.00	5422.00
城市居民人均可支配收入（百元）	180.21	131.77	147.28	154.08	238.98
农村居民人均纯收入（十元）	631.70	564.50	636.70	612.30	789.00

图 1-10　2010 年生态发展区三市政府与居民收入

资料来源：笔者根据《广东省统计年鉴 2011》《韶关统计年鉴 2011》《河源统计年鉴 2011》《梅州统计年鉴 2011》进行整理研究计算绘制。

第三节 生态发展区生态环境保护的机会成本

通过上述对生态发展区生态资源、环境、经济发展的现状分析以及相关计算，可以说，生态发展区资源与环境较广东全省，不论是绝对差还是相对差，都具有非常大的优势，但是经济总量长期都只能占到全省 GDP 的 3.84%左右，这种生态资源与环境上的优势正是靠牺牲发展机会成本而换来的。

一、生态环境保护机会成本

所谓机会成本是指在多个备选方案中，由于我们选择了最优方案而放弃了次优方案所丧失的潜在利益。例如，由于我们根据资源禀赋优势，选择了生态主体功能发展战略而放弃了次优的经济功能战略所散失的潜在经济利益，即是实施生态主体功能战略的机会成本。也有学者称这为发展权损失。生态发展区三市的主体功能就是保护山地森林和生物多样性，涵养水源，构筑广东的生态屏障。为此国家和广东省政府必然对生态发展区的产业发展作出种种限制，从而制约着生态发展区的经济发展，由此而丧失的潜在经济利益构成了生态发展区的发展机会成本。由于生态发展区生态产品的公共性，中央政府或广东省政府应对其进行政府购买，至少应对生态发展区所付出的发展机会成本予以补偿。而测度生态发展区发展机会成本的大小就是补偿的基础。目前各地政府和主流学者探索和实践的方式是以生态发展区的人均 GDP、人均地方财政收入或城乡居民收入与对照功能区的差异来综合测度其机会成本。如较多的地区在对饮用水源地保护的生态补偿办法中，在对耕地、矿产资源保护的生态补偿中，均是以此来确定发展的综合机会成本的。

二、生态发展区机会成本测算

分别参照全国平均水平、广东省平均水平和珠江三角洲平均水平，可以设置生态发展区的三类生态保护机会成本，分别是生态发展区经济总量机会成本、地方政府生态保护机会成本、城乡居民发展机会成本。其计算公式分别如下。

$$DPC_1 = (\overline{GDPc} - \overline{GDPs}) \cdot Ps \tag{1-1}$$

$$DPC_2 = (\overline{GBRc} - \overline{GBRs}) \cdot Ps \tag{1-2}$$

$$DPC_3 = (R_{S1} - R_{S2}) \cdot P_{S2} + (R_{C1} - R_{C2}) \cdot P_{C2} \tag{1-3}$$

其中，DPC_1、DPC_2、DPC_3分别表示生态发展区经济总量机会成本、地方政府生态保护机会成本和城乡居民发展机会成本；$\overline{GDPc}$、$\overline{GDPs}$分别为参照区人均 GDP 和生态发展区人均 GDP，P_s为生态发展区居民人数；$\overline{GBRc}$、$\overline{GBRs}$分别为参照区人均地方财政收入和生态发展区人均地方财政收入；R_{s1}、R_{s2}分别表示参照区域和生态发展区城镇居民人均可支配收入、P_{s2}表示生态发展区城镇居民人数，R_{c1}、R_{c2}分别表示参照区和生态发展区农村居民人均纯收入，P_{c2}表示生态发展区农村居民人数。将计算得到的数值列入图 1-11 中。图中字符 SA、HA、MA、A 分别表示韶关、河源、梅州以及三市与广东省平均水平的比较。SB、HB、MB、B 分别表示韶关、河源、梅州以及三市与全国平均水平的比较。SC、HC、MC、C 分别表示韶关、河源、梅州以及三市与珠三角地区平均水平的比较。字符 DPC_{21}、DPC_{22}分别代表按地方财政收入和支出计算的综合机会成本，字符 DPC_{31}、DPC_{32}分别代表城镇居民和农村居民的机会成本。图中显示：假设以广东省的平均水平为参照，如果用人均 GDP 来综合测度，那么生态发展区生态保护的机会成本 2010 年为 2717 亿元；如果用人均地方财政预算收入来测度，那么生态发展区生态环境保护的机会成本为 328.6 亿元；如果用人均地方财政预算支出来测度，那么生态发展区生态环境保护的机会成本为 208.2 亿元；如果用城乡居民收入来综合测度，那么生态发展区生态环境保护的机会成本为 484.8 亿元。假设以全国平均水平作为参照，如果用人均 GDP 来综合测度，那么生态发展区生态保护的机会成本 2010 年为 1238 亿元；如果用人均地方财政预算收入来测度，那么生态发展区生态环境保护的机会成本为 201 亿元；如果用城乡居民收入来综合测度，那么生态发展区生态环境保护的机会成本为 160.3 亿元。假设以广东珠江三角地区的平均水平为参照，如果用人均 GDP 来综合测度，那么生态发展区生态保护的机会成本 2010 年为 5110 亿元；如果用人均地方财政预算收入来测度，那么生态发展区生态环境保护的机会成本为 461.8 亿元；如果用城乡居民收入来综合测度，那么生态发展区生态环境保护的机会成本为 796.7 亿元。考虑到区域因素和一般性转移支付因素，短期宜以广东省平均水平为参照，用人均地方财政预算支出来综合测算生态发展区的机会成本。也即在 2010 年生态发展区三市的生态资源环境保护机会成本为 208.2 亿元。

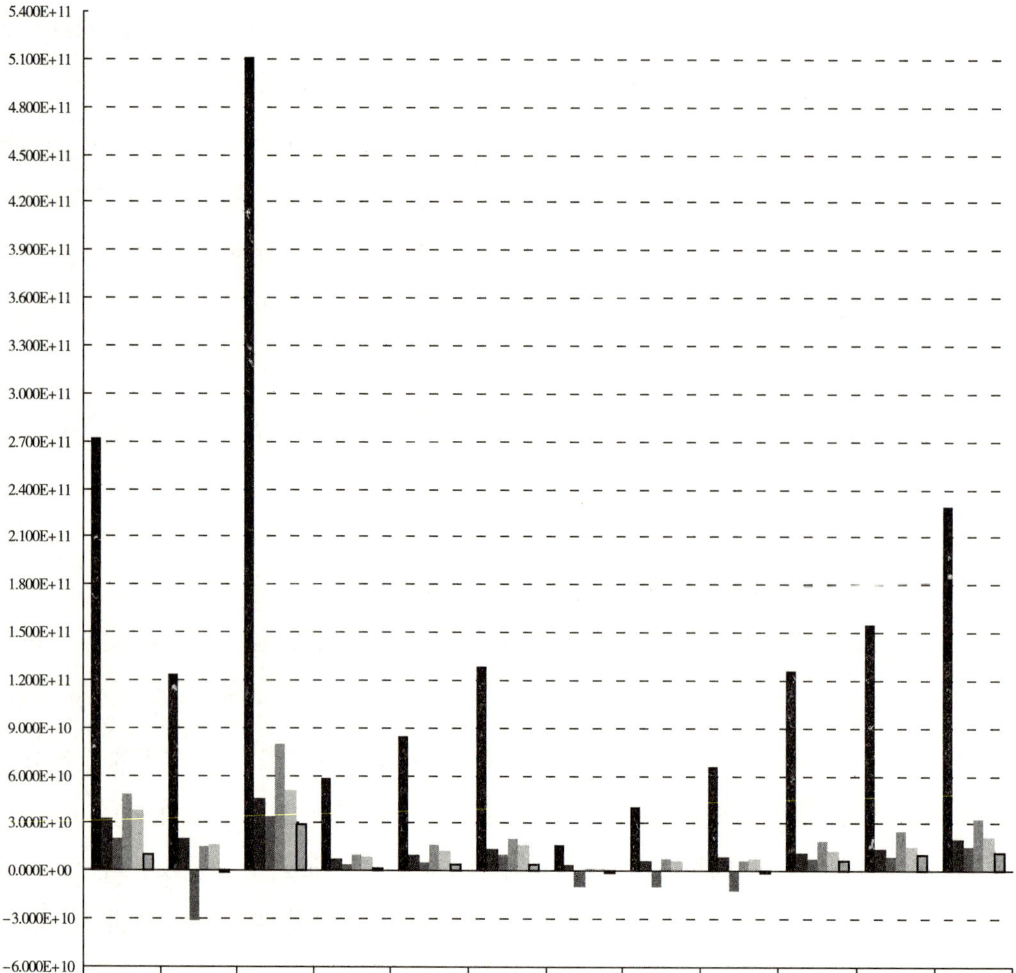

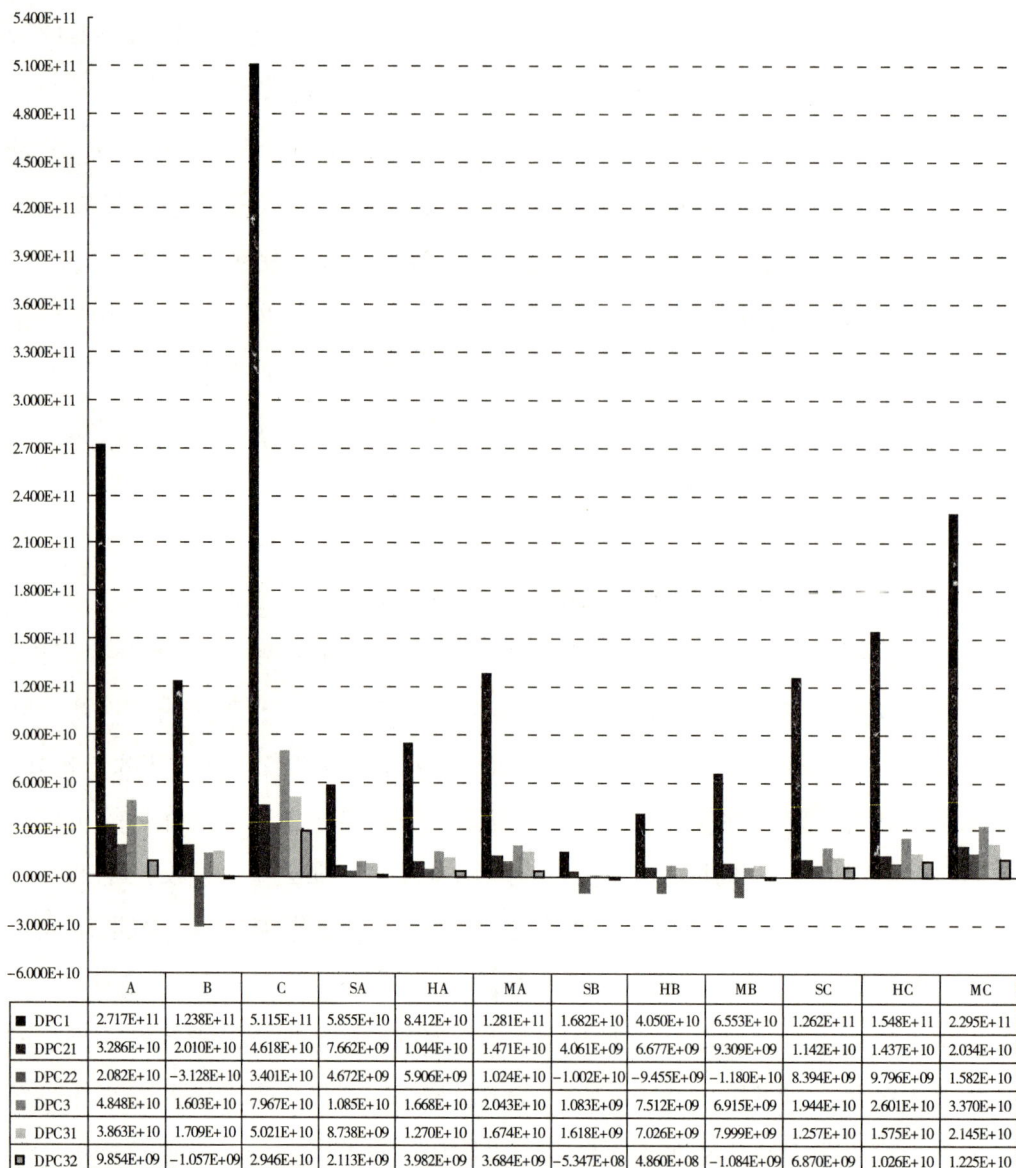

	A	B	C	SA	HA	MA	SB	HB	MB	SC	HC	MC
DPC1	2.717E+11	1.238E+11	5.115E+11	5.855E+10	8.412E+10	1.281E+11	1.682E+10	4.050E+10	6.553E+10	1.262E+11	1.548E+11	2.295E+11
DPC21	3.286E+10	2.010E+10	4.618E+10	7.662E+09	1.044E+10	1.471E+10	4.061E+09	6.677E+09	9.309E+09	1.142E+10	1.437E+10	2.034E+10
DPC22	2.082E+10	−3.128E+10	3.401E+10	4.672E+09	5.906E+09	1.024E+10	−1.002E+10	−9.455E+09	−1.180E+10	8.394E+09	9.796E+09	1.582E+10
DPC3	4.848E+10	1.603E+10	7.967E+10	1.085E+10	1.668E+10	2.043E+10	1.083E+09	7.512E+09	6.915E+09	1.944E+10	2.601E+10	3.370E+10
DPC31	3.863E+10	1.709E+10	5.021E+10	8.738E+09	1.270E+10	1.674E+10	1.618E+09	7.026E+09	7.999E+09	1.257E+10	1.575E+10	2.145E+10
DPC32	9.854E+09	−1.057E+09	2.946E+10	2.113E+09	3.982E+09	3.684E+09	−5.347E+08	4.860E+08	−1.084E+09	6.870E+09	1.026E+10	1.225E+10

图 1-11 生态发展区三市发展机会成本（元）

资料来源：笔者根据《广东省统计年鉴 2011》《韶关统计年鉴 2011》《河源统计年鉴 2011》《梅州统计年鉴 2011》进行整理研究计算绘制。

第二章　广东生态发展区生态服务价值测算

第一节　生态服务价值测算的理论

一、生态服务价值的内涵及分类

（一）生态服务价值的内涵

生态服务价值是指生态系统及其各组成部分在维持生态系统的结构和发展的完整及其作为生命维持系统和人类生存系统所具有的价值。生态服务价值并非仅体现在经济领域，也不是现在才重要，而是人类一直忽略它，并以自己的主观想法来改造自然，在遭到自然界的惩罚后，其价值才被人们所认可。

（二）生态服务价值的类型

根据生态服务价值所体现出来的使用情况，可以将生态服务价值划分为使用价值和非使用价值两大类。使用价值又分为直接使用价值和间接使用价值（关于对直接使用价值的核算，国家已经纳入到国民经济的核算体系中，本书不再讨论）；非使用价值又分为存在价值和遗产价值。如表 2-1 所示。

表 2-1 生态价值的类型

生态服务价值	使用价值	直接使用价值	能够直接被消费的物品与服务的价值	渔产品、林产品、建材、药材、发电等
		间接使用价值	从生态系统服务功能中间接获得的价值	保持土壤、固碳、调节气候、吸尘滞尘、水源涵养净化空气、保护生物多样性等
	非使用价值	选择价值	未来直接与间接的使用价值	生物多样性、药用植物等、保存生境
		遗产价值	当代人为把生态资源及其生态功能保留给后代而愿意支付的费用	生物生境、濒危物种、生物多样性
		存在价值	人们为确保生态资源及其提供生态功能存在而愿意支付的费用	生物生境、不可逆转的变化、生物多样性

二、生态服务功能价值的测算方法

较为常用的生态系统服务功能价值的定量评价方法主要有三种：能值分析法、物质量评价法和价值量评价法。由于价值量评价方法计算所得的结果都是货币值，因此，既能将不同生态系统的同一项生态系统服务进行比较，又能将某一生态系统的各单项服务综合起来，同时还能促进环境评估，将其纳入国民经济评估体系，最终实现绿色 GDP。因此，本书采用价值量的方法对生态系统服务发展进行评价。

第二节 生态发展区生态系统服务功能使用价值测算

广东生态发展区三市是生态系统内容极其丰富的地区，而森林系统、河流系统和农田系统是三市独具特色的生态系统。本项研究主要对这三大系统的服务功能价值进行评估。由于森林生态系统与农田系统服务功能的主要直接使用价值与间接使用价值具有相互竞争性，因此，在这部分服务功能的价值测算中，只评估其间接使用价值和非使用价值。

一、森林生态系统服务功能价值

（一）森林生态系统服务功能的含义

森林生态系统服务功能是指森林生态系统与生态过程所形成及维持的人类赖以生存的自然环境条件与效用。主要包括森林在涵养水源、保育土壤、固碳释氧、积累营养物质、净化大气环境、森林防护、生物多样性保护和森林游憩等方面提供的生态服务功能。其具体含义如下。

1. 涵养水源：森林对降水的截留、吸收和贮存，将地表水转为地表径流或地下水的作用。主要功能表现在增加可利用水资源、净化水质和调节径流三个方面。

2. 保育土壤：森林中活地被物和凋落物层层截留降水，降低水滴对表土的冲击和地表径流的侵蚀作用；同时林木根系固持土壤，防止土壤崩塌泻溜，减少土壤肥力损失以及改善土壤结构的功能。

3. 固碳释氧：森林生态系统通过森林植被、土壤动物和微生物固定碳素、释放氧气的功能。

4. 积累营养物质：森林植物通过生化反应，在大气、土壤和降水中吸收氮（N）、磷（P）、钾（K）等营养物质并贮存在体内各器官中的功能。森林植被的积累营养物质功能对降低下游面源污染及水体富营养化有重要作用。

5. 净化大气环境：森林生态系统对大气污染物（如二氧化硫、氟化物、氮氧化物、粉尘、重金属等）的吸收、过滤、阻隔和分解，以及降低噪音、提供负离子和萜烯类（如芬多精）物质等功能。

6. 物种保育：森林生态系统为生物物种提供生存与繁衍的场所，从而对其起到保育作用的功能。

（二）森林生态系统服务功能价值评估公式

根据国家林业局 2008 年发布的《森林生态系统服务功能评估规范》

（LY/T 1721—2008）①，森林生态系统服务功能价值的评估公式如表 2-2 所示。

表 2-2 森林生态系统服务功能评估公式

<table>
<tr><th>功能类别</th><th>指标</th><th>计算公式和参数说明</th></tr>
<tr><td rowspan="2">涵养水源</td><td>调节水量</td><td rowspan="2">$U_{调}=10C_{库}A(P-E-C)$　$U_{水质}=10KA(P-E-C)$
$U_{调}$为林分年调节水量价值，单位：元·a^{-1}；
$U_{水质}$为林分年净化水质价值，单位：元·a^{-1}；P 为降水量，单位：mm·a^{-1}；E 为林分蒸散量，单位：mm·a^{-1}；C 为森林地表径流量，单位：mm·a^{-1}；$C_{库}$为水库建设单位库容投资（占地拆迁补偿、工程造价、维护费用等等），单位：元·m^{-3}；K 为水的净化费用，单位：元·t^{-1}；A 为林分面积，单位：hm^2。</td></tr>
<tr><td>净化水质</td></tr>
<tr><td rowspan="2">保育土壤</td><td>固土</td><td rowspan="2">$U_{固土}=AC_{土}(X_2-X_1)/\rho$；$U_{肥}=A(X_2-X_1)(NC_1/R_1+PC_1/R_2+KC_2/R_3+MC_3)$
$U_{固土}$为林分年固土价值，单位：元·a^{-1}；$U_{肥}$为林分年保肥价值，单位：元·a^{-1}；X_1为林地土壤侵蚀模数，单位：t·hm^{-2}·a^{-1}；X_2为无林地土壤侵蚀模数，单位：t·hm^{-2}·a^{-1}；$C_{土}$为挖取和运输单位体积土方所需费用，单位：元·m^3；A 为林分面积，单位：hm^2；ρ 为林地土壤容重，单位：t·m^{-3}；N 为林分土壤平均含氮量（%）；P 为林分土壤平均含磷量（%）；K 为林分土壤含钾量（%）；M 为林分土壤有机质含量（%）；R_1为磷酸二铵化肥含氮量（%）；R_2为磷酸二铵化肥含磷量（%）；R_3为氯化钾化肥含钾量（%）；C_1为磷酸二铵化肥价格，单位：元·t^{-1}；C_2为氯化钾化肥价格，单位：元·t^{-1}；C_3为有机质价格，单位：元·t^{-1}。</td></tr>
<tr><td>保肥</td></tr>
<tr><td rowspan="2">固碳释氧</td><td>固碳</td><td>$U_{碳}=AC_{碳}(1.63R_{碳}B_{年}+F_{土壤碳})$
$U_{碳}$为林分年固碳价值，单位：元·a^{-1}；$B_{年}$为林分净生产力，单位：t·hm^{-2}·a^{-1}；$C_{碳}$为固碳价格，单位：元·t^{-1}；$R_{碳}$为 CO_2 中碳的含量，为 27.27%；$F_{土壤碳}$为单位面积林分土壤年固碳量，单位：t·hm^{-2}·a^{-1}；A 为林分面积，单位：hm^2。</td></tr>
<tr><td>释氧</td><td>$U_{氧}=1.19C_{氧}AB_{年}$
$U_{氧}$为林分年释氧价值，单位：元·a^{-1}；$B_{年}$为林分净生产力，单位：t·hm^{-2}·a^{-1}；$C_{氧}$为氧气价格，单位：元·t^{-1}；A 为林分面积，单位：hm^2。</td></tr>
</table>

① 国家林业局：《森林生态系统服务功能评估规范》（LY/T 1721—2008），中国标准出版社 2008 年版，第 4—6 页。

续表

功能类别	指标	计算公式和参数说明
积累营养物质	林木营养积累	$U_{营养}=AB_{年}(N_{营养}C_1/R_1+P_{营养}C_1/R_2+K_{营养}C_2/R_3)$ $U_{营养}$为林分年营养物质积累价值，单位：元·a^{-1}；$N_{营养}$为林木含氮量（%），$P_{营养}$为林木含磷量（%），$K_{营养}$为林木含钾量（%），R_1为磷酸二铵化肥含氮量（%），R_2为磷酸二铵化肥含磷量（%），R_3为氯化钾化肥含钾量（%），C_1为磷酸二铵化肥价格，单位：元·t^{-1}；C_2为氯化钾化肥价格，单位：元·t^{-1}；$B_{年}$为林分净生产力，单位：t·hm^{-2}·a^{-1}；A为林分面积，单位：hm^2。
净化大气环境	吸收污染物	$U_{二氧化硫}=K_{二氧化硫}Q_{二氧化硫}A$；$U_{氟}=K_{氟化物}Q_{氟化物}A$；$U_{氮氧化物}=K_{氮氧化物}Q_{氮氧化物}A$； $U_{重金属}=K_{重金属}Q_{重金属}A$；$U_{滞尘}=K_{滞尘}Q_{滞尘}A$ $U_{二氧化硫}$为林分年吸收二氧化硫价值，单位：元·a^{-1} $K_{二氧化硫}$为二氧化硫治理费用，单位：元·kg^{-1}；$Q_{二氧化硫}$为单位面积林分年吸收二氧化硫量，单位：kg·hm^{-2}·a^{-1} $U_{氟}$为林分年吸收氟化物价值，单位：元·a^{-1}；$Q_{氟化物}$为单位面积林分年吸收氟化物量，单位：kg·hm^{-2}·a^{-1} $K_{氟化物}$为氟化物治理费用，单位：元·kg^{-1}；$U_{氮氧化物}$为年吸收氮氧化物总价值，单位：元·a^{-1} $K_{氮氧化物}$为氮氧化物治理费用，单位：元·kg^{-1}；$Q_{氮氧化物}$为单位面积林分年吸收氮氧化物量，单位：kg·hm^{-2}·a^{-1} $U_{重金属}$为林分年吸收重金属价值，单位：元·a^{-1}；$Q_{重金属}$为单位面积林分年吸收重金属量，单位：kg·hm^{-2}·a^{-1} $K_{重金属}$为重金属污染治理费用，单位：元·kg^{-1}；$U_{滞尘}$为林分年滞尘价值，单位：元·a^{-1}； $K_{滞尘}$为降尘清理费用，单位：元·kg^{-1}A为林分面积，单位：hm^2 $Q_{滞尘}$为单位面积林分年滞尘量，单位：kg·hm^{-2}·a^{-1}
	滞尘	
生物多样性保护	物种保育	$U_{生物}=S_{生}A$ $U_{生物}$为林分年物种保育价值，单位：元·a^{-1}； $S_{生}$为单位面积年物种损失的机会成本，单位：元·hm^{-2}·a^{-1}；A为林分面积，单位：hm^2。

注：根据Shannon-Wiener指数计算物种保育价值，共划分为7级：当指数<1时，$S_{生}$为3000元·hm^{-2}·a^{-1}；当1≤指数<2时，$S_{生}$为5000元·hm^{-2}·a^{-1}；当2≤指数<3时，$S_{生}$为10000元·hm^{-2}·a^{-1}；当3≤指数<4时，$S_{生}$为20000元·hm^{-2}·a^{-1}；当4≤指数<5时，$S_{生}$为30000元·hm^{-2}·a^{-1}；当5≤指数<6时，$S_{生}$为40000元·hm^{-2}·a^{-1}；当指数≥6时，$S_{生}$为50000元·hm^{-2}·a^{-1}。

（三）森林生态系统服务功能价值测算

1. 森林生态系统涵养水源价值

2010年广东生态功能区三市年平均降水量分别约为1880mm、1740mm、1520mm。李少宁[①] 2007年的研究指出主要森林类型蒸散率分别为：杉木林77.3%、马尾松66%、阔叶林53.3%、竹林65%。经济林的蒸散量按阔叶林计算。张喜、薛建辉[②] 2007年试验测出同类地貌森林地表径流量年平均最大值约为23mm。根据生态功能区三市森林资源的政府统计报表基本情况，以及国家林业局公布的《森林生态系统服务功能价值评估公共数据表》[③] 中水库建设单位库容投资6.1107元/t，水净化费用2.09元/t，计算得到广东生态功能区三市森林生态系统涵养水源价值如表2-3所示。三市合计为2470亿元。

2. 森林生态系统保育土壤价值

固土价值。"无林地土壤侵蚀模数"[④] 取值37.58t/hm^2 · a，各森林类型有林地土壤侵蚀模数取值列入计算表内，取值范围0.73t/hm^2 · a—2.17t/hm^2 · a。李少宁、康文星[⑤]试验测出各森林类型土壤平均容重ρ的取值列入计算表内。其他计算参数均参照国家林业局公布的《森林生态系统服务功能价值评估公共数据表》中的建议值。计算得到广东生态功能区三市森林生态系统保育土壤价值，如表2-4所示。

保肥价值。康文星试验测出各森林类型土壤的营养元素含量列入计算表内，参考国家林业局公布的《森林生态系统服务功能价值评估公共数据表》中的建议值，计算出广东生态功能区三市森林生态系统保肥价值，如表2-4

---

① 李少宁：《江西省暨大岗山森林生态系统服务功能研究》，中国林业科学研究院博士论文，2007年，第94页。

② 张喜、薛建辉：《黔中喀斯特山地不同森林类型的地表径流及影响因素》，《热带亚热带植物学报》2007年第6期。

③ 国家林业局：《森林生态系统服务功能评估规范》（LY/T 1721—2008），中国标准出版社2008年版，第12页。

④ 康文星、田大伦：《广东省森林公益效能的经济评价—1 森林的木材生产效益与水源涵养效益》，《中南林学院学报》2001年第9期。

⑤ 康文星、田大伦：《广东省森林公益效能的经济评价—2 森林的固土保肥改良土壤和净化大气效益》，《中南林学院学报》2001年第12期。

所示。

3. 森林生态系统固碳释氧价值

森林生态系统具有纳碳吐氧的功能，对维护大气中的CO_2和O_2平衡具有重要作用。植物的叶绿素可以吸收空气中的CO_2和H_2O，并将其转化成葡萄糖等碳水化合物，同时释放出O_2。根据光合作用反应方程式：

$6CO_2+6H_2O+$能量（太阳光）$\longrightarrow C_6H_{12}O_6$（葡萄糖）$+6O_2$

推算每形成1g干物质，可以固化1.63g CO_2释放1.19g O_2。森林生态系统是地球生物圈的支柱，大气圈中60%的氧气是森林生态系统产生的，它维系着我们人类赖以生存大气圈中碳氧的平衡，对于人类社会的永续功能具有极其重要的意义。依据国家规范和生态三市的政府统计数据，计算出广东生态功能区三市森林生态系统固碳释氧功能价值如表2-5所示。

4. 森林生态系统积累营养物质价值量

莫江明[①]（1999，2000）、李文华[②]（2008）等学者研究表明植物体中含量最高、对植物生长最重要的元素是氮、磷、钾、钙、镁、铁。其中含量相对较大的是氮、磷、钾。森林植物通过生化反应，在大气、土壤和降水中吸收N、P、K等营养物质并贮存在体内各器官的功能。森林植被的积累营养物质功能对降低下游面源污染及水体富营养化有重要作用。本项调研分析中，我们取大量研究结果的下限值列入计算表2-6中，来反映森林生态系统至少累积营养元素N、P、K的功能价值。详细计算及结论如表2-6所示。

5. 森林生态系统净化大气环境功能价值量

森林生态系统净化大气环境的功能主要包括吸收污染物质、阻滞粉尘、杀灭病菌和降低噪声，提供负离子等功能（李金昌[③]，1999；黄怀雄[④]，2010）。此次调查和研究中，因时间及其他条件所限，我们主要计算了吸收污染物、滞

---

① 莫江明等:《鼎湖山马尾松林营养元素的分布和生物循环特征》,《生态学报》1999年第5期;莫江明、张德强、黄忠良:《鼎湖山南亚热带常绿阔叶林植物营养元素含量分配格局研究》,《热带亚热带植物学报》2000年第3期。

② 李文华:《生态系统服务功能价值评估的理论、方法与应用》,中国人民大学出版社2008年版,第139页。

③ 李金昌:《资源核算论》,海洋出版社1999年版,第60—62页。

④ 黄怀雄:《长株潭地区生态系统服务功能价值评价研究》,中南林业科技大学硕士论文,2010年,第37页。

尘等两项森林生态系统净化大气环境的主要功能价值。

学者袁正科[①]、文献《中国生物多样性报告》（1999）等的试验与研究测出各林分吸收污染物质的能力列入表 2-7 中。

其他计价参数参考国家林业局公布的《森林生态系统服务功能价值评估公共数据表》中的建议值。计算得到广东生态功能区三市森林生态系统净化大气环境功能价值量如表 2-7 所示。

6. 森林生态系统生物多样性保护功能价值

“森林生态系统为生物物种提供生存与繁衍的场所，从而对其起到保育作用的功能。”[②] 根据评估规范，按照 Shannon-Wiener 指数和建议值进行计算，Shannon-Wiener 指数来源于信息理论。它的计算公式表明，群落中生物种类增多代表了群落的复杂程度增高，即 H 值愈大，群落所含的信息量愈大[③]。计算结果列入表 2-8。

将各表计算结果汇总，得到 2010 年广东生态发展区三市森林生态系统服务功能总价值为 2260 亿元。其中生物多样性保护价值为 914 亿元；涵养水源价值为 901 亿元；保育土壤价值为 166 亿元；净化大气价值为 105 亿元；积累营养物质价值为 8.69 亿元。如图 2-1 所示。

---

① 袁正科、田大伦、袁穗波等：《森林生态系统净化大气 SO_2 能力及吸收 S 潜力研究》，《湖南林业科技》2005 年第 1 期。

② 许晴、张放等：《Simpson 指数和 Shannon-Wiener 指数若干特征的分析及“稀释效应”》，《草业科学》2011 年第 4 期。

③ 王兵、郑秋红等：《基于 Shannon-Wiener 指数的中国森林物种多样性保育价值评估方法》，《林业科学研究》2008 年第 2 期。

表 2-3　广东生态功能区三市森林生态系统涵养水源价值

		韶关市（$G_{调}$=10A（P-C-E）						河源市						梅州市					
项目	单位	杉木	松木	阔叶林	竹林	经济林	小计	杉木	松木	阔叶混	竹林	经济林	小计	杉木	松木	阔叶混	竹林	经济林	小计
林分面积	hm^2	1.88E+05	2.52E+05	5.95E+05	8.63E+04	6.15E+03	1.13E+06	1.06E+05	3.06E+05	6.35E+05	2.79E+04	1.09E+04	1.09E+06	7.25E+04	4.37E+05	5.23E+05	4.00E+04	1.53E+04	1.09E+06
年降水量	$mm\cdot a^{-1}$	1.51E+03	1.51E+03	1.51E+03	1.51E+03	1.51E+03		1.48E+03	1.48E+03	1.48E+03	1.48E+03	1.48E+03		1.48E+03	1.48E+03	1.48E+03	1.48E+03	1.48E+03	
林分年蒸散量	$mm\cdot a^{-1}$	1.16E+03	1.16E+03	9.95E+02	9.95E+02	9.95E+02		1.14E+03	1.14E+03	9.77E+02	9.77E+02	9.77E+02		1.14E+03	1.14E+03	9.77E+02	9.77E+02	9.77E+02	
林下地表径流量		1.05E+02	1.05E+02	1.05E+02	1.05E+02	1.05E+02		1.04E+02	1.04E+02	1.04E+02	1.04E+02	1.04E+02		1.04E+02	1.04E+02	1.04E+02	1.04E+02	1.04E+02	
P-C-E		2.37E+02	2.37E+02	4.07E+02	4.07E+02	4.07E+02		2.32E+02	2.32E+02	4.00E+02	4.00E+02	4.00E+02		2.32E+02	2.32E+02	4.00E+02	4.00E+02	4.00E+02	
年涵养水源量	$m3\cdot a^{-1}$	4.44E+08	5.97E+08	2.42E+09	3.51E+08	2.50E+07	3.84E+09	2.46E+08	7.10E+08	2.54E+09	1.11E+08	4.37E+07	3.65E+09	1.69E+08	1.02E+09	2.09E+09	1.60E+08	6.10E+07	3.49E+09
林分调节水量价值	元·a^{-1}	2.71E+09	3.65E+09	1.48E+10	2.14E+09	1.53E+08	2.35E+10	1.50E+09	4.34E+09	1.55E+10	6.80E+08	2.67E+08	2.23E+10	1.03E+09	6.21E+09	1.28E+10	9.76E+08	3.73E+08	2.14E+10
林分净化水质价值	元·a^{-1}	9.28E+08	1.25E+09	5.06E+09	7.34E+08	5.23E+07	8.02E+09	5.14E+08	1.48E+09	5.30E+09	2.33E+08	9.13E+07	7.63E+09	3.52E+08	2.12E+09	4.37E+09	3.34E+08	1.27E+08	7.30E+09
涵养水源总价值	元·a^{-1}	3.64E+09	4.90E+09	1.99E+10	2.88E+09	2.05E+08	3.15E+10	2.02E+09	5.82E+09	2.08E+10	9.13E+08	3.58E+08	2.99E+10	1.38E+09	8.33E+09	1.71E+10	1.31E+09	5.00E+08	2.87E+10
单位面积涵养水源价值	元·$hm^{-2}a^{-1}$	1.94E+04	1.94E+04	3.34E+04	3.34E+04	3.34E+04	2.79E+04	1.91E+04	1.91E+04	3.28E+04	3.28E+04	3.28E+04	2.76E+04	1.91E+04	1.91E+04	3.28E+04	3.28E+04	3.28E+04	2.63E+04
单位面积涵养水源价值	元/亩 a	1.29E+03	1.29E+03	2.22E+03	2.22E+03	2.22E+03	1.86E+03	1.27E+03	1.27E+03	2.18E+03	2.18E+03	2.18E+03	1.84E+03	1.27E+03	1.27E+03	2.18E+03	2.18E+03	2.18E+03	1.76E+03
三市合计	元·a^{-1}	9.01E+10																	

资料来源：笔者根据韶关市森林资源档案数据统计报表、河源市森林资源档案数据统计报表、梅州市森林资源档案数据统计报表整理研究计算制表。

表 2-4　广东生态功能区三市森林生态系统保育土壤价值计算表

		韶关						河源						梅州					
项目	单位	杉木	松木	阔叶林	竹林	经济林	小计	杉木	松木	阔叶林	竹林	经济林		杉木	松木	阔叶林	竹林	经济林	
林分面积	hm^2	1.88E+05	2.52E+05	5.95E+05	8.63E+04	6.15E+03	1.13E+06	1.06E+05	3.06E+05	6.35E+05	2.79E+04	1.09E+04	1.09E+06	7.25E+04	4.37E+05	5.23E+05	4.00E+04	1.53E+04	1.09E+06
林地土壤侵蚀模数	$t\cdot hm^{-2}\cdot a^{-1}$	2.17E+00	1.85E+00	7.30E-01	1.45E+00	1.18E+00		2.17E+00	1.85E+00	7.30E-01	1.45E+00	1.18E+00		2.17E+00	1.85E+00	7.30E-01	1.45E+00	1.18E+00	
无林地土壤侵蚀模数	$t\cdot hm^{-2}\cdot a^{-1}$	3.76E+01	3.76E+01	3.76E+01	3.76E+01	3.76E+01		3.76E+01	3.76E+01	3.76E+01	3.76E+01	3.76E+01		3.76E+01	3.76E+01	3.76E+01	3.76E+01	3.76E+01	
x_2-x_1	$t\cdot hm^{-2}\cdot a^{-1}$	3.54E+01	3.57E+01	3.69E+01	3.61E+01	3.64E+01		3.54E+01	3.57E+01	3.69E+01	3.61E+01	3.64E+01		3.54E+01	3.57E+01	3.69E+01	3.61E+01	3.64E+01	
林地土壤容重	$t\cdot m^{-3}$	1.25E+00	1.38E+00	9.55E-01	1.28E+00	1.26E+00		1.25E+00	1.38E+00	9.55E-01	1.28E+00	1.26E+00		1.25E+00	1.38E+00	9.55E-01	1.28E+00	1.26E+00	
林地土壤含氮量	%	1.82E-01	1.48E-01	2.03E-01	1.42E-01	1.42E-01		1.82E-01	1.48E-01	2.03E-01	1.42E-01	1.42E-01		1.82E-01	1.48E-01	2.03E-01	1.42E-01	1.42E-01	
林地土壤含磷量	%	5.40E-02	5.20E-02	6.50E-02	6.30E-02	6.30E-02		5.40E-02	5.20E-02	6.50E-02	6.30E-02	6.30E-02		5.40E-02	5.20E-02	6.50E-02	6.30E-02	6.30E-02	
林地土壤含钾量	%	1.37E+00	1.71E+00	2.13E+00	1.79E+00	1.79E+00		1.37E+00	1.71E+00	2.13E+00	1.79E+00	1.79E+00		1.37E+00	1.71E+00	2.13E+00	1.79E+00	1.79E+00	
林地土壤有机质含量	%	3.58E+00	3.03E+00	4.86E+00	5.03E+00	5.88E+00		3.58E+00	3.03E+00	4.86E+00	5.03E+00	5.88E+00		3.58E+00	3.03E+00	4.86E+00	5.03E+00	5.88E+00	
林分年固土量	$t\cdot a^{-1}$	6.64E+06	9.02E+06	2.19E+07	3.12E+06	2.24E+05	4.09E+07	3.75E+06	1.09E+07	2.34E+07	1.01E+06	3.98E+05	3.95E+07	2.57E+06	1.56E+07	1.93E+07	1.44E+06	5.55E+05	3.95E+07
林分年固土价值	元$\cdot a^{-1}$	6.70E+07	8.23E+07	2.89E+08	3.07E+07	2.24E+06	4.72E+08	3.78E+07	9.97E+07	3.09E+08	9.91E+06	3.98E+06	4.60E+08	2.59E+07	1.43E+08	2.54E+08	1.42E+07	5.55E+06	4.43E+08
林分年保持氮量	$t\cdot a^{-1}$	1.21E+04	1.33E+04	4.45E+04	4.43E+03	3.18E+02	7.47E+04	6.83E+03	1.62E+04	4.75E+04	1.43E+03	5.65E+02	7.25E+04	4.67E+03	2.31E+04	3.91E+04	2.05E+03	7.89E+02	6.98E+04
林分年保持磷量	$t\cdot a^{-1}$	3.59E+03	4.69E+03	1.43E+04	1.96E+03	1.41E+02	2.46E+04	2.03E+03	5.68E+03	1.52E+04	6.34E+02	2.51E+02	2.38E+04	1.39E+03	8.12E+03	1.25E+04	9.10E+02	3.50E+02	2.33E+04
林分年保持钾量	$t\cdot a^{-1}$	9.07E+04	1.54E+05	4.66E+05	5.59E+04	4.02E+03	7.71E+05	5.12E+04	1.87E+05	4.98E+05	1.81E+04	7.14E+03	7.61E+05	3.51E+04	2.68E+05	4.10E+05	2.59E+04	9.96E+03	7.48E+05
林分年保肥价值	元$\cdot a^{-1}$	6.91E+08	1.00E+09	3.12E+09	3.60E+08	2.58E+07	5.19E+09	3.90E+08	1.21E+09	3.32E+09	1.16E+08	4.59E+07	5.09E+09	2.67E+08	1.74E+09	2.74E+09	1.67E+08	6.41E+07	4.97E+09
林分年保育土壤总价值	元$\cdot a^{-1}$	7.58E+08	1.08E+09	3.40E+09	3.90E+08	2.81E+07	5.67E+09	4.28E+08	1.31E+09	3.63E+09	1.26E+08	4.99E+07	5.55E+09	2.93E+08	1.88E+09	2.99E+09	1.81E+08	6.97E+07	5.42E+09
三市汇总	元$\cdot a^{-1}$	1.66E+10																	

资料来源：笔者根据韶关市森林资源档案数据统计报表、河源市森林资源档案数据统计报表、梅州市森林资源档案数据统计报表整理研究计算制表。

表 2-5　广东省生态功能区森林生态系统固碳释氧功能价值计算表

项目	单位	韶关	河源	梅州	合计
林分面积	hm^2	1.42E+06	1.09E+06	1.09E+06	3.59E+06
总生物量$_{2010}$	t	7.57E+07	5.78E+07	5.80E+07	1.92E+08
年生长率	%	4.83E+00	5.00E+00	4.90E+00	
年生物量生长量	t	3.48E+06	2.39E+06	1.83E+06	7.70E+06
林分净生产力	$t \cdot hm^{-2} \cdot a^{-1}$	2.45E+00	2.20E+00	1.68E+00	
年植被固碳量	$t \cdot a^{-1}$	1.55E+06	1.06E+06	8.13E+05	3.42E+06
年植被固化 CO_2 量	t	5.68E+06	3.89E+06	2.98E+06	1.26E+07
植被固碳总量	t	3.37E+07	2.57E+07	2.58E+07	8.51E+07
植被固化 CO_2 总量	t	1.23E+08	9.43E+07	9.45E+07	3.12E+08
单位面积林分土壤年固碳量	$t \cdot hm^{-2} \cdot a^{-1}$	1.03E+00	1.03E+00	1.03E+00	
林分土壤年固碳量	$t \cdot a^{-1}$	1.47E+06	1.12E+06	1.13E+06	3.72E+06
植被和土壤年固碳量	$t \cdot a^{-1}$	3.02E+06	2.18E+06	1.94E+06	7.14E+06
植被和土壤年固碳价值	元 $\cdot a^{-1}$	3.62E+09	2.62E+09	2.33E+09	8.57E+09
单位面积植被和土壤年固碳量	$t \cdot hm^{-2} \cdot a^{-1}$	2.55E+03	2.41E+03	2.14E+03	
单位面积林分年释氧量	$t \cdot hm^{-2} \cdot a^{-1}$	2.92E+00	2.62E+00	2.00E+00	
林分年释氧量	$t \cdot a^{-1}$	4.15E+06	2.84E+06	2.18E+06	9.16E+06
林分年释氧价值	元 $\cdot a^{-1}$	4.15E+09	2.84E+09	2.18E+09	9.16E+09
林分年固碳释氧总价值	元 $\cdot a^{-1}$	7.77E+09	5.46E+09	4.50E+09	1.77E+10
三市汇总	元 $\cdot a^{-1}$	1.77E+10			

资料来源：笔者根据韶关市森林资源档案数据统计报表、河源市森林资源档案数据统计报表、梅州市森林资源档案数据统计报表整理研究计算制表。

表 2-6 广东生态功能区森林生态系统累积营养元素功能价值计算表

项目	单位	韶关	河源	梅州	合计
林分面积	hm^2	1. 13E+06	1. 09E+06	1. 09E+06	3. 30E+06
林分净生产力	$t \cdot hm^{-2} \cdot a^{-1}$	2. 45E+00	2. 20E+00	1. 68E+00	
林木含氮量	%	3. 24E-01	3. 24E-01	3. 24E-01	
林木含磷量	%	1. 60E-01	1. 60E-01	1. 60E-01	
林木含钾量	%	6. 80E-01	6. 80E-01	6. 80E-01	
林分年增加氮量	$t \cdot a^{-1}$	8. 96E+03	7. 73E+03	5. 93E+03	2. 26E+04
林分年增加磷量	$t \cdot a^{-1}$	4. 42E+03	3. 82E+03	2. 93E+03	1. 12E+04
林分年增加钾量	$t \cdot a^{-1}$	1. 88E+04	1. 62E+04	1. 24E+04	4. 75E+04
积累营养物质总价值	元 $\cdot a^{-1}$	3. 44E+08	2. 97E+08	2. 28E+08	8. 69E+08
三市汇总	元 $\cdot a^{-1}$	8. 69E+08			

资料来源：笔者根据韶关市森林资源档案数据统计报表、河源市森林资源档案数据统计报表、梅州市森林资源档案数据统计报表整理研究计算制表。

表 2-7　广东生态功能森林生态系统净化大气环境功能价值

项目	单位	韶关						河源						梅州					
		杉木	松木	阔叶林	竹林	经济林	小计	杉木	松木	阔叶混	竹林	经济林	小计	杉木	松木	阔叶混	竹林	经济林	小计
林分面积	hm^2	1.88E+05	2.52E+05	5.95E+05	8.63E+04	6.15E+03	1.13E+06	1.06E+05	3.06E+05	6.35E+05	2.79E+04	1.09E+04	1.09E+06	7.25E+04	4.37E+05	5.23E+05	4.00E+04	1.53E+04	1.09E+06
单位面积林分年吸收二氧化硫量	$kg \cdot hm^{-2} \cdot a^{-1}$	1.18E+02	1.18E+02	8.87E+01	9.74E+01	7.46E+01		1.18E+02	1.18E+02	8.87E+01	9.74E+01	7.46E+01		1.18E+02	1.18E+02	8.87E+01	9.74E+01	7.46E+01	
单位面积林分年吸收氟化物量	$kg \cdot hm^{-2} \cdot a^{-1}$	4.65E+00	4.65E+00	5.00E-01	1.29E+00	2.58E+00		4.65E+00	4.65E+00	5.00E-01	1.29E+00	2.58E+00		4.65E+00	4.65E+00	5.00E-01	1.29E+00	2.58E+00	
单位面积林分年吸收氮氧化物量	$kg \cdot hm^{-2} \cdot a^{-1}$	6.00E+00	6.00E+00	6.00E+00	6.00E+00	6.00E+00		6.00E+00	6.00E+00	6.00E+00	6.00E+00	6.00E+00		6.00E+00	6.00E+00	6.00E+00	6.00E+00	6.00E+00	
单位面积林分年滞尘量	$kg \cdot hm^{-2} \cdot a^{-1}$	3.00E+04	3.60E+04	1.01E+04	1.08E+04	2.17E+04		3.00E+04	3.60E+04	1.01E+04	1.08E+04	2.17E+04		3.00E+04	3.60E+04	1.01E+04	1.08E+04	2.17E+04	
林分年吸收二氧化硫量	$kg \cdot a^{-1}$	2.21E+07	2.97E+07	5.28E+07	8.41E+06	4.59E+05	1.13E+08	1.25E+07	3.59E+07	5.63E+07	2.71E+06	8.16E+05	1.08E+08	8.53E+06	5.14E+07	4.64E+07	3.90E+06	1.14E+06	1.11E+08
林分年吸收二氧化硫总价值	元 $\cdot a^{-1}$	2.65E+07	3.56E+07	6.33E+07	1.01E+07	5.51E+05	1.36E+08	1.50E+07	4.31E+07	6.75E+07	3.26E+06	9.79E+05	1.30E+08	1.02E+07	6.17E+07	5.56E+07	4.68E+06	1.37E+06	1.34E+08
林分年吸收氟化物量	$kg \cdot a^{-1}$	8.73E+05	1.17E+06	2.98E+05	1.11E+05	1.59E+04	2.47E+06	4.93E+05	1.42E+06	3.17E+05	3.59E+04	2.82E+04	2.30E+06	3.37E+05	2.03E+06	2.61E+05	5.16E+04	3.94E+04	2.72E+06
林分年吸收氟化物价值	元 $\cdot a^{-1}$	6.02E+05	8.10E+05	2.05E+05	7.68E+04	1.10E+04	1.70E+06	3.40E+05	9.81E+05	2.19E+05	2.48E+04	1.95E+04	1.58E+06	2.33E+05	1.40E+06	1.80E+05	3.56E+04	2.72E+04	1.88E+06
林分年吸收氮氧化物量	$kg \cdot a^{-1}$	1.13E+06	1.51E+06	3.57E+06	5.18E+05	3.69E+04	6.76E+06	6.36E+05	1.83E+06	3.81E+06	1.67E+05	6.56E+04	6.51E+06	4.35E+05	2.62E+06	3.14E+06	2.40E+05	9.15E+04	6.53E+06
林分年吸收氮氧化物价值	元 $\cdot a^{-1}$	7.09E+05	9.54E+05	2.25E+06	3.26E+05	2.33E+04	4.26E+06	4.00E+05	1.16E+06	2.40E+06	1.05E+05	4.13E+04	4.10E+06	2.74E+05	1.65E+06	1.98E+06	1.51E+05	5.77E+04	4.11E+06
林分年滞尘量	$kg \cdot a^{-1}$	5.63E+09	9.08E+09	6.02E+09	9.34E+08	1.33E+08	2.18E+10	3.18E+09	1.10E+10	6.42E+09	3.02E+08	2.37E+08	2.11E+10	2.18E+09	1.57E+10	5.29E+09	4.33E+08	3.30E+08	2.40E+10
林分年滞尘价值	元 $\cdot a^{-1}$	8.44E+08	1.36E+09	9.02E+08	1.40E+08	2.00E+07	3.27E+09	4.77E+08	1.65E+09	9.63E+08	4.52E+07	3.55E+07	3.17E+09	3.26E+08	2.36E+09	7.93E+08	6.50E+07	4.96E+07	3.60E+09
林分净化大气环境总价值	元 $\cdot a^{-1}$	8.72E+08	1.40E+09	9.68E+08	1.51E+08	2.06E+07	3.41E+09	4.92E+08	1.70E+09	1.03E+09	4.86E+07	3.66E+07	3.31E+09	3.37E+08	2.43E+09	8.51E+08	6.98E+07	5.10E+07	3.73E+09
三市汇总	元 $\cdot a^{-1}$	1.05E+10																	

资料来源：笔者根据韶关市森林资源档案数据统计报表、河源市森林资源档案数据统计报表、梅州市森林资源档案数据统计报表整理研究计算制表。

表 2-8 广东生态功能区森林生态系统生物多样性保护功能价值

项目	单位	韶关																
		杉木	马尾松	湿地松	国外松	桉树	藜蒴	速相思	南洋楹	荷木	它软阔	台相思	针叶混	针阔混	阔叶混	竹林	经济林	小计
面积	hm²	1. 88E+05	2. 52E+05	1. 79E+04	1. 81E+03	7. 39E+04	1. 35E+03	3. 59E+01	2. 35E+01	4. 76E+03	1. 23E+05	9. 57E+01	5. 42E+04	1. 44E+05	1. 34E+05	8. 63E+04	6. 15E+03	
S. W 多样性指数		3 < S. W < 4	3 < S. W < 4	3 < S. W < 4	3 < S. W < 4	3 < S. W < 4	5 < S. W < 6	3 < S. W < 4	3 < S. W < 4	4 < S. W < 5	5 < S. W < 6	3 < S. W < 4	4 < S. W < 5	5 < S. W < 6	6 < S. W	3 < S. W < 4	3 < S. W < 4	
单位面积物种年保育价值	元·hm⁻²·a⁻¹	2. 00E+04	2. 00E+04	2. 00E+04	2. 00E+04	2. 00E+04	4. 00E+04	2. 00E+04	2. 00E+04	3. 00E+04	4. 00E+04	2. 00E+04	3. 00E+04	4. 00E+04	5. 00E+04	2. 00E+04	2. 00E+04	
物种保育年总价值	元·a⁻¹	3. 75E+09	5. 05E+09	3. 58E+08	3. 62E+07	1. 48E+09	5. 41E+07	7. 18E+05	4. 70E+05	1. 43E+08	4. 93E+09	1. 91E+06	1. 63E+09	5. 75E+09	6. 70E+09	1. 73E+09	1. 23E+08	3. 17E+10
项目	单位	河源																
		杉木	马尾松	湿地松	国外松	桉树	藜蒴	速相思	南洋楹	荷木	它软阔	台相思	针叶混	针阔混	阔叶混	竹林	经济林	小计
面积	hm²	1. 06E+05	2. 65E+05	4. 09E+04	2. 12E+02	1. 29E+05	1. 49E+05	1. 77E+02	1. 69E+02	2. 73E+03	1. 89E+05	1. 27E+02	9. 84E+04	1. 28E+05	7. 13E+04	2. 79E+04	1. 09E+04	
S. W 多样性指数		3 < S. W < 4	3 < S. W < 4	3 < S. W < 4	3 < S. W < 4	3 < S. W < 4	5 < S. W < 6	3 < S. W < 4	3 < S. W < 4	4 < S. W < 5	5 < S. W < 6	3 < S. W < 4	4 < S. W < 5	5 < S. W < 6	6 < S. W	3 < S. W < 4	3 < S. W < 4	
单位面积物种年保育价值	元·hm⁻²·a⁻¹	2. 00E+04	2. 00E+04	2. 00E+04	2. 00E+04	2. 00E+04	4. 00E+04	2. 00E+04	2. 00E+04	3. 00E+04	4. 00E+04	2. 00E+04	3. 00E+04	4. 00E+04	5. 00E+04	2. 00E+04	2. 00E+04	
物种保育年总价值	元·a⁻¹	2. 12E+09	5. 29E+09	8. 19E+08	4. 23E+06	2. 58E+09	5. 95E+07	3. 55E+06	3. 38E+06	8. 20E+07	7. 54E+09	2. 54E+06	2. 95E+09	5. 11E+09	3. 57E+09	5. 57E+08	2. 19E+08	3. 09E+10
项目	单位	梅州																
		杉木	马尾松	湿地松	国外松	桉树	藜蒴	速相思	南洋楹	荷木	它软阔	台相思	针叶混	针阔混	阔叶混	竹林	经济林	小计
面积	hm²	7. 25E+04	4. 25E+05	1. 19E+04	6. 25E+02	9. 63E+04	3. 82E+03	1. 39E+03	1. 77E+02	1. 12E+04	1. 18E+05	4. 74E+02	6. 09E+04	1. 21E+05	7. 29E+04	4. 00E+04	1. 53E+04	
S. W 多样性指数		3 < S. W < 4	3 < S. W < 4	3 < S. W < 4	3 < S. W < 4	3 < S. W < 4	5 < S. W < 6	3 < S. W < 4	3 < S. W < 4	4 < S. W < 5	5 < S. W < 6	3 < S. W < 4	4 < S. W < 5	5 < S. W < 6	6 < S. W	3 < S. W < 4	3 < S. W < 4	
单位面积物种年保育价值	元·hm⁻²·a⁻¹	2. 00E+04	2. 00E+04	2. 00E+04	2. 00E+04	2. 00E+04	4. 00E+04	2. 00E+04	2. 00E+04	3. 00E+04	4. 00E+04	2. 00E+04	3. 00E+04	4. 00E+04	5. 00E+04	2. 00E+04	2. 00E+04	
物种保育年总价值	元·a⁻¹	1. 45E+09	8. 49E+09	2. 38E+08	1. 25E+07	1. 93E+09	1. 53E+08	2. 79E+07	3. 54E+06	3. 37E+08	4. 72E+09	9. 47E+06	1. 83E+09	4. 82E+09	3. 65E+09	8. 00E+08	3. 05E+08	2. 88E+10
三市汇总	元·a⁻¹	9. 14E+10																

资料来源：笔者根据韶关市森林资源档案数据统计报表、河源市森林资源档案数据统计报表、梅州市森林资源档案数据统计报表整理研究计算制表。

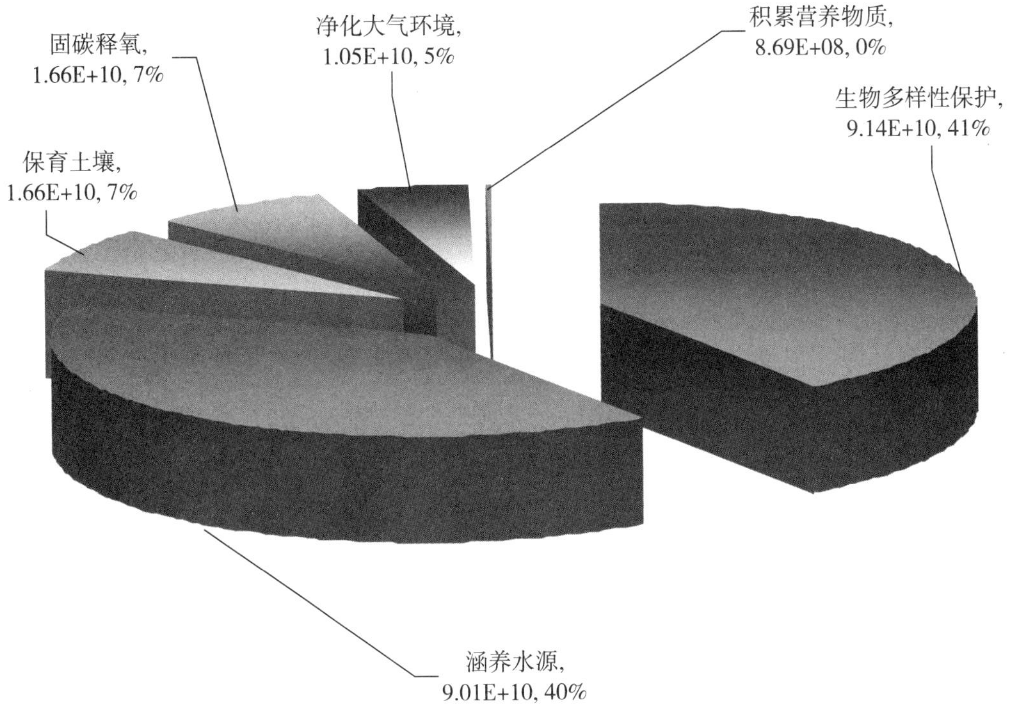

生物多样性保护	涵养水源	保育土壤	固碳释氧	净化大气环境	积累营养物质	合计（元）
9.14E+10	9.01E+10	1.66E+10	1.66E+10	1.05E+10	8.69E+08	2.26E+11
40.44%	39.84%	7.36%	7.36%	4.62%	0.38%	100.00%

图 2-1　广东生态功能区三市森林生态系统服务功能总价值构成

资料来源：笔者根据韶关市森林资源档案数据统计报表、河源市森林资源档案数据统计报表、梅州市森林资源档案数据统计报表整理研究计算绘制。

二、河流与水库生态系统服务功能价值

广东生态功能区的主要河流与大中型水库主要有北江、东江以及位于河源市的新丰江水库和枫树坝水库、位于韶关市的南水水库、孟洲坝水库、锦江水库和小坑水库等。北江与东江是珠江的主要支流。

北江发源于江西信丰县石碣大茅山。北江的上源分为两支：东名浈水，西称武水。浈水发源于江西省信丰县，武水发源于湖南省临武县。浈武二水汇于韶关市后始称北江。沿途纳滃江、连江、滨江和绥江等大支流，在三水河口与

西江汇合漫流于珠江三角洲网河区，主流经洪奇沥入海。全长573公里，集水面积5206平方公里。在广东境内的北江流域，约占广东省境内珠江流域面积的38.5%。平均年径流量457亿立方米，集水面积在1000平方公里以上的一级支流有墨江、锦江、武江、南水、滃江、连江、潖江、滨江和绥江。流域内的韶关辖区有南水水库、孟洲坝水库、锦江水库和小坑水库等中型水库。

东江发源于江西省寻乌县桠髻钵。流至东莞石龙镇进入珠江三角洲，并于增城禺东联围汇入狮子洋，集水面积35340平方公里，约占广东境内珠江流域的24.3%。河长562公里。平均年径流量257亿立方米。干流在龙川合河坝以上称寻乌水，汇贝岭水后始称东江。集水面积1000平方公里以上的一级支流有贝岭水、浰江、新丰江、秋香江、公庄水、西枝江和石马河等。各支流与干流交叉成“格子状”水系。流域内山岭多由花岗岩和红色砂页岩构成，流域内有新丰江和枫树坝两座大型水库。总库容158.4亿立方米，占全省27座大型水库总库容量的59%，两水库集水面积11050平方公里，占东江流域面积的40.9%。龙川县的枫树坝水库以上为上游段，枫树坝水库中的原合河坝村至博罗县观音阁为中游段，观音阁至东莞石龙为下游段。上游段主要支流贝岭水处东江右岸，发源于江西安远县，流入广东龙川县，于枫树坝水库汇入东江。中游段主要支流有浰江、新丰江、秋香江。浰江处东江右岸。发源于和平县浰源乡亚婆髻，于和平县境内入东江。新丰江处东江左岸。发源于新丰县崖婆石，于河源市区汇入东江。秋香江处东江左岸。发源于紫金县黎头寨，于惠阳县江口汇入东江。①

河流及河流型水库在防洪、抗旱、发电、供水、灌溉、养殖、航运、旅游等方面发挥了巨大的生态服务功能作用。这种功能是指其直接或间接地为人们生活、生产活动所提供的服务效能。根据河流及大中型水库提供服务的消费与市场化特点，可以将其服务功能划分为具有直接使用价值的产品生产功能和具有间接使用价值的非商品化服务功能。产品生产服务功能主要包括生活、农业及工业需水供应，水力发电，航运、水产品生产、休闲娱乐等；无法商品化的

① 广东省水利厅：《广东省水资源概况》，2008年9月23日，见http://www.gdwater.gov.cn/yewuzhuanji/szygl/szygk/200809/t20080923_24763.html。

服务功能，主要包括调蓄洪水、水资源蓄积、净化环境、土壤持留等。

（一）河流与水库服务功能的含义

河流型水库大坝蓄水后，对原河流生态系统服务功能的影响是复杂的、多方面的，对生态服务功能价值的影响最终表现为正面影响或负面影响，即正效益或负效益。根据流域水资源提供生态服务的机制和效用，流域水资源生态系统的服务功能主要在以下方面。

一是生产要素功能。河流与水库生态系统是流域内人们生产活动所必需的投入要素，没有河流与水库生态系统，生产活动如水力发电、灌溉、航运、渔业等就难以完成。具体有以下 5 点。

1. 供水价值。北江、东江及流域内水库蓄水保证了流域的工业、农业和居民生产用水。其价值是各行业用水量与取水价格的乘积。计算公式列入表 2-9 中。

2. 渔业生产。河流与水库为渔业功能提供了场所，水库蓄水增加的养殖面积，能使鱼类年产量增加，具有较大的正效应，其影响可以用电站建成后河流与水库鱼类年产量增加的价值、养殖场所的效益分摊系数来表示。计算公式列入表 2-9 中。

3. 发电。河流水库蓄水后实现了河流的发电功能，发电效益可用电价与年发电量的乘积来表示。计算公式列入表 2-9 中。

4. 抗旱灌溉。水库的修建增大了河水的灌溉能力，使灌溉面积扩大，灌溉保证率得到提高，保证了农业用水。灌溉的效益可用保证灌溉的耕地产值的增值来表示。计算公式列入表 2-9 中。

5. 航运。水位的提高增强了河流与水库段河流的航运能力，其增值可以用改善的航道长度与节省的单位里程的运输费用的乘积来表示。计算公式列入表 2-9 中。

二是生命支持功能。河流及水库生态系统为流域内的人们提供了生产和生活的环境，维护了生物多样性，维持了自然生态过程与生态环境调节的功能，保持了适用于人类生产和生活的土壤、空间、气候等条件。更重要的是，为河流与水库内和下游居民蓄积了优质饮用水源。具体有以下 3 点。

1. 饮用水价值。北江与东江在生态功能区上中游段的水质良好，2010 年对北江 1413.2 公里长的河流进行检测评价，Ⅰ—Ⅱ类水质河流长共计 1157 公里；对东江 1064.5 公里长河流进行检测评价，Ⅰ—Ⅱ类水质河流共计 565 公里。[①] 区内大型水库的水质，如新丰江水库、枫树坝水库等长年都达到了国家地表水环境质量标准的Ⅰ类水标准[②]（中华人民共和国国家标准：GB 3838-2002）[③]，这是十分珍贵的饮用水水源。其价值可以用蓄水量和优质饮用水价格进行估算。计算公式列入表 2-9 中。

2. 稀释珠江及其支流污染。每当枯水年份和咸潮来袭时，严重影响珠江三角洲地区居民的生活和生产。东江与北江流域的水库平均每年向下游多放水 2 亿立方米。稀释珠江及其支流污染价值可以用放水量价值来替代。其计算公式列入表 2-9 中。

3. 水土流失。流域水库大坝的建设和蓄水运行等均会损坏地表土壤和植被，破坏原地面的汇、排水条件，诱发水土流失。可以采用恢复费用法对水土流失造成土壤保持服务功能价值的损失进行估算。计算公式列入表 2-9 中。

三是生态调节功能。河流与水库生态系统的自我调节功能，使流域内人们的生产和生活环境维持稳定，使人们的生产和生活得以延续，如气候调节功能、水质净化功能、水土保持功能、污染净化功能等，具体有以下 3 点。

1. 调蓄洪水。水能资源开发项目的工程建设改变了河流的自然水文过程，水库巨大的库容可以蓄洪调枯，控制洪水。水库调蓄洪水的效益可以用其保护农业不受损失的价值来进行估算。计算公式列入表 2-9 中。

2. 水库淤积。自然河流有输送泥沙的功能，修建水库之后，泥沙在水库中淤积，减少水库的库容。可以用恢复费用法来计算泥沙淤积造成的价值损失。计算公式列入表 2-9 中。

3. 减缓温室效应的价值。水力发电过程不排放污染物，而且水力资源可

---

① 广东省水利厅：《江河湖库水质，广东省各流域水质情况表》，2011 年 7 月，见 http://www.gdwater.gov.cn/yewuzhuanji/szygl/szygb/szygb2010/szyzt08/201107/t20110726_46519.html。

② 广东省环保厅：《两水库水质保持国家地表水Ⅰ类标准》，2009 年 7 月，见 http://www.gd.xinhuanet.com/dishi/2009-07/10/content_17057363.htm。

③ 中华人民共和国国家标准：《地表水环境质量标准》（GB 3838-2002），中国环境科学出版社 2003 年版。

以因降水而得到补给，因此水力资源通常被认为是一种清洁的可再生能源。水电项目的运行所产生的电力，可以替代化石能源电力，从而避免化石能源燃烧所产生的空气污染。计算水电项目对减缓气候变化的价值，可以用项目年上网电量与电网单位电量的二氧化碳排放因子、单位二氧化碳减排量的价格的乘积表示。计算公式列入表 2-9 中。

四是休闲娱乐功能。河流生态系统为人类提供了休闲娱乐的场所，带给人类美学、休闲、文化、教育、娱乐等方面的功效。河流与水库休闲娱乐功能价值一般用旅行费用法评估。计算公式列入表 2-9 中。

（二）河流与水库服务功能价值评估公式

为便于引用，根据以上阐述，将河流与水库各类服务功能的计算公式及主要参数列入表 2-9 中。

表 2-9 河流与水库服务功能价值评估公式①

序号	河流与水库服务功能价值	计算公式和参数
1	粮食生产	$V_1 = P_S \cdot S \cdot La$ V_1：淹没耕地致使粮食产量减少的价值；P_S：单位耕地粮食平均产值；S：淹没的耕地面积；La：土地在粮食产值中的效益分摊系数。
2	渔业生产	$V_2 = P_2 \cdot Q_2 \cdot L_2$ V_2：渔业生产增加的价值；P_2：鱼类平均价格；Q_2：鱼类年产量增加量；L_2：养殖场所的效益分摊系数。
3	发电	$V_3 = P_3 \cdot Q_3$ V_3：年水力发电的价值；P_3：影子电价；Q_3：电站的年均发电量。
4	抗旱灌溉	$V_4 = a \cdot P_4 \cdot S_4$ V_4：年灌溉的效益；P_4：单位耕地的粮食平均产值；S_4：保证灌溉的耕地面积；a：灌溉的效益分摊系数。

① 田中兴：《水能资源开发生态补偿机制研究》，中国水利水电出版社 2010 年版，第 52—71 页。

续表

序号	河流与水库服务功能价值	计算公式和参数
5	航运	$V_5 = b \cdot P_5 \cdot L_5 \cdot Q_5$ V_5：年航运的效益；P_5：节省的单位里程单位数量的运输费用；L_5：改善的航道长度。b：水环境状况改善后新增的航运效益的分摊系数；Q_5：年运输量。
6	饮用水	$V_6 = Q_6 \cdot P_6$ V_6：饮用水价值；Q_6：饮用水数量；P_6：饮用水价格。
7	稀释珠江	$V_7 = Q_7 \cdot P_7$ V_7：稀释珠江价值；Q_7：稀释珠江的水量；P_7：稀释水价格。
8	水土流失地质灾害	$V_8 = V_S \cdot S_S$ V_8：每年水土流失的损失价值；V_S：治理单位面积水土流失的费用；S_S：新增的水土流失面积。
9	调蓄洪水	$V_9 = c \cdot P_9 \cdot S_9 \cdot Q_9$ V_9：水库年调蓄洪水的价值；P_9：单位面积耕地的粮食平均产值；S_9：单位库容保护的耕地面积；Q_9：水库的库容；c：调蓄洪水的效益的分摊系数。
10	水库淤积	$V_{10} = Q_{10} \cdot P_{10}/d$ V_{10}：泥沙淤积的年损失价值；P_{10}：每立方米泥沙的清除费用；Q_{10}：泥沙的淤积量；d：泥沙的干容重。
11	减缓温室效应	$V_{11} = Q_{11} \cdot P_{11} \cdot em$ V_{11}：水电项目的减排二氧化碳价值；Q_{11}：水库发电年上网电量；em：电网单位电量的二氧化碳排放因子；P_{11}：单位二氧化碳减排价格。
12	休闲娱乐	$V_{12} = f \cdot Q_{12} \cdot P_{12}$ V_{12}：休闲旅游功能增加的旅游收益；f：旅游景点在旅游收益中的分摊系数；Q_{12}：旅游人数增加量；P_{12}旅客每人次旅行平均支出。

（三）河流与水库服务功能价值测算

按照表2-9公式，并以国内目前公认的参数或权威实验数据作为参考值，分类计算东江水库各类服务功能价值如表 2-10 所示。

表 2-10 生态功能区河流、水库主要服务功能价值测算

序号	河流水库服务功能价值	计算公式和参数	计算结果（万元）
1	粮食生产	$V_1=P_S \cdot S \cdot La=2246\times(180000+1797)\times0.3=12249$（万元） V_1：淹没耕地致使粮食产量减少的价值；P_S：单位耕地粮食平均产值为 2246 元/亩；淹没的耕地面积 181797 亩；La：土地在粮食产值中的效益分摊系数取值 0.3（P_S 根据《广东省统计年鉴 2011》计算而得）。	12249
2	渔业生产	$V_2=P_2 \cdot Q_2 \cdot L_2=9.1\times(184300\times1000/319928)\times181797\times0.5=47650$（万元） V_2：渔业生产增加的价值；P_2：鱼平均价格 9.1/kg；Q_2：鱼类年产量增加量（$184300\times1000/319928$）$\times181797=104727273$kg；L_2：养殖场所的效益分摊系数取值 0.5（P_2、Q_2根据《广东省统计年鉴 2011》计算而得）。	47650
3	发电	$V_3=P_3 \cdot Q_3=0.4\times(9.44+5.76+2.95+0.94+1.52+1.875)\times10^8/10^4$ $=89000$（万元） V_3：年水力发电的价值；P_3影子电价取值 0.4 元/kw·h；Q_3：生态功能区主要水库电站的年均发电量为： （9.44+5.76+2.95+0.94+1.52+1.875）= 22.485 亿 kw·h。	89000
4	抗旱灌溉	$V_4=a \cdot P_4 \cdot S_4=0.1\times2246\times13994991=314327$（万元） V_4：年灌溉的效益；P_4：单位耕地的粮食平均产值 2246 元/亩；S_4：保证灌溉的耕地面积 13994991 亩；a：灌溉的效益分摊系数 0.1。	314327
5	航运	$V_5=b \cdot P_5 \cdot L_5 \cdot Q_5=0.2\times0.6\times(150+217)\times(1975+63)=89753$（万元） V_5：年航运的效益；P_5：节省的单位里程单位数量的运输费用；L_5：改善的航道长度；b：水环境状况改善后新增的航运效益的分摊系数；Q_5：年运输量。	89753

续表

序号	河流水库服务功能价值	计算公式和参数	计算结果（万元）
6	饮用水	$V_{61}=Q_{61}\cdot P_{61}=313277758\times2.09=6.55\times10^4$（万元） $V_{62}=Q_{62}\cdot P_{62}=36500\times10^4\times100=365\times10^8$（元） Q_{61}：流域自来水取水数量；P_{61}：采用 GB LY/T1721-2008 推荐价格。 Q_{62}：按 5000 万人每人每天 20 升用量，引自新丰江和南水水库直饮水数量；P_{62}：直饮水价格，取市场纯净水价格的 0.2 倍，即 100 元/m^3。	371.55×10^4
7	稀释珠江	$V_7=Q_7\cdot P_7=1.3\times10^8\times2.09=2.72$（亿元） V_7：稀释珠江价值；Q_7：稀释珠江的水量；P_7：稀释水价格。	2.72×10^4
8	水土流失	$V_8=V_S\cdot S_S=2.5\times404214=1010535$（万元） V_8：每年水土流失地质灾害的损失价值；V_S治理单位面积水土流失的费用取值 2.5 万元/hm^2；S_S新增的水土流失面积取值 404214hm^2（土壤与农业可持续功能国家重点实验室）。	1010535
9	调蓄洪水	$V_9=c\cdot P_9\cdot S_9\cdot Q_9$ $=0.1\times935\times0.001138\times176.77\times100000000=451814.93$（万元） V_9：水库年调蓄洪水的价值；P_9单位面积耕地的粮食平均产值为 2246 元/亩；S_9单位库容保护的耕地面积。根据欧阳志云（2004）研究成果取值 0.001138 亩/m^3；Q_9水库的库容取值（139+19.4+12.4+1.89+2.04+2.04）=176.77 亿m^3；c 调蓄洪水的效益的分摊系数取值 0.1。	451814.93
10	水库淤积	$V_{10}=\frac{Q_{10}\cdot P_{10}}{d}=404214\times527.64\times10\%\times10/1.5\times10000=1500000$（万元） V_{10}：泥沙淤积的年损失价值；P_{10}：每立方米泥沙的清除费用 10 元/m^3；Q_{10}泥沙的淤积量=水土流失面积×平均土壤侵蚀模数×10%=404214×527.64×10%（数据取自广东省土壤研究所）；d：泥沙的干容重为 1.5t/m^3。	1500000

续表

序号	河流水库服务功能价值	计算公式和参数	计算结果（万元）
11	减缓温室效应	$V_{11} = Q_{11} \cdot P_{11} \cdot em = 224850 \times 0.9448 \times 10 \times 6.33/10000 =$ 1344.73（万元） V_{11}：水电项目的减排二氧化碳价值；Q_{10}：水库发电年上网电量；em：电网单位电量的二氧化碳排放因子取值 0.9448；P_{11}：单位二氧化碳减排价格取值 10 美元。	1344.73
12	休闲娱乐	$V_{12} = f \cdot Q_{12} \cdot P_{12} = 0.2 \times 1336 \times 441 = 37821.6$（万元） V_{12}：休闲旅游功能增加的旅游收益；f：旅游景点在旅游收益中的分摊系数；Q_{12}：旅游人数增加量；P_{12}旅客每人次旅行平均支出。	117835.2
13	合计		7377209

资料来源：笔者根据《广东统计年鉴 2011》、《韶关统计年鉴 2011》、《河源统计年鉴 2011》、《梅州统计年鉴 2011》、广东水利网、珠江水网、http：//paper. wenweipo. com/2005/发布的数据整理研究计算制表。

在以上计算中，既包含了水库的正外部效益，也包含了水库负效益或破坏性成本。外部效益体现在渔业生产、饮用水源供水、抗旱灌溉、航运、调蓄洪水、稀释珠江、减缓温室效应、休闲娱乐功能价值等方面；外部成本体现在库区耕地淹没粮食减产、水土流失、水库淤积等方面。正的外部效益为 4854425 万元，负的外部效益为 2522784 万元。显然生态功能区的河流与水库的外部经济远远大于其外部不经济。外部效益和外部成本都是河流水库生态补偿的内容。因此，对负效益数值取其绝对值，以便在后续处理时便于加总。计算结果表明，生态功能区河流与水库的生态服务功能价值是非常巨大的。由此可见，加大对河流与水库的生态环境保护的重要性，也证明了加大对河流与水库生态补偿的巨大经济意义。

三、耕地生态系统服务功能价值

耕地价值主要包括生产经济作物价值、生态系统服务功能价值和社会价值。与其他生态系统一样，具有直接使用效能的经济价值最容易计算，可以直接查阅中国和各省区市的统计年鉴。而生态价值的有用性主要表现为间接的使用形式，包含气体调节、气候调节、水源涵养、土壤形成与保护、废物处理、生物多样性保护、生态娱乐等。目前在市场上还难以完全实现其经济价值，所以也与森林与河流系统一样需要专门的评估方式来进行测算。在此将主要应用生态当量因子法来评估广东生态功能区三市耕地生态系统的服务功能价值。

（一）生态因子当量法

中国科学院谢高地①等（2003）在科斯坦萨（Costanza）等人的研究基础上，通过对我国200位生态学者的问卷调查，制定出了中国生态系统生态服务价值的当量因子表，其中耕地的当量因子如表2-11所示。

表2-11　中国耕地生态价值当量因子

耕地生态服务功能	气体调节	气候调节	水源涵养	土壤形成与保护	废物处理	生物多样性保护	生态娱乐
当量因子	0.5	0.89	0.6	1.46	1.64	0.71	0.01

耕地生态系统生态服务价值当量因子是指耕地生态系统产生的生态服务的相对贡献大小的潜在能力，定义为 $1hm^2$ 全国平均产量的农田每年粮食产量的经济价值，据此可以将权重因子表转换成当年耕地生态系统服务单价表。在广东，基于两方面的考虑：一是广东农业产值在经济总量中的比重较小，城市功能对农业的生态需求更为强烈；二是华南地区粮食种植结构与北方具有较大的差异，所以定义1个耕地生态服务价值当量因子的经济价值量等于当年全省谷物平均单产市场价值。可由式2-1计算得到。

$$E_a = \sum_{i=1}^{n} \frac{m_i p_i q_i}{M} \tag{2-1}$$

式中，E_a为单位当量因子的价值量（元/hm^2）；i为粮食作物种类；p_i为第i种粮食作物全国平均价格（元/kg）；q_i为第i种粮食作物播种面积单产

① 谢高地、鲁春霞、冷允法等：《青藏高原生态资产的价值评估》，《自然资源学报》2003年第2期。

（kg/hm^2）；m_i为第 i 种粮食作物播种面积（hm^2）；M 为 n 种粮食作物总播种面积（hm^2）。

考虑到人们的心理和实际经济承受能力以及社会经济发展的程度，可以采用表征支付意愿相对水平的发展阶段系数对耕地生态价值的理论值进行修正，得到耕地生态价值的现实值。“发展阶段系数则通过皮尔（Pearl）生长曲线和恩格尔系数求取”①，计算公式为：

$$l=\frac{1}{1+e^{-\frac{1}{En}+3}} \tag{2-2}$$

式中，l 为社会对生态社会效益的支付意愿，$l\in(0,1)$；E_n为恩格尔系数。通过对 l 系数的修正，可以从耕地生态价值的理论值获得耕地生态现实价值。修正计算公式为：

$$E_{areal}=E_a\times l \tag{2-3}$$

式中，E_{areal}为考虑支付意愿情况下，单位当量因子的现实价值量（元/hm^2）。在获取单位当量因子的现实价值量的基础上，就可以测算出耕地的生态价值。

（二）广东耕地当量因子及生态价值理论值

根据式 2-1，计算得到广东耕地当量因子，列入表 2-12 中。

表 2-12　2010 年耕地生态单位当量因子的价值量

作物名称	播种面积（hm^2）	单产（kg·hm^2）	总产量（kg）	单价（元·kg^{-1}）	总产值（元）	E_a（元·hm^{-2}）
稻谷	1.95E+06	5.43E+03	1.06E+10	2.20E+00	2.33E+10	1.49E+04
大豆	3.92E+05	2.60E+03	1.02E+09	3.74E+00	3.81E+09	
薯类	4.12E+05	7.68E+03	3.17E+09	4.40E+00	1.39E+10	
合计	2.76E+06				4.11E+10	

资料来源：笔者根据《广东统计年鉴 2011》整理研究计算制表。

① 孙能利、巩前文、张俊飚：《山东省农业生态价值测算及其贡献》，《中国人口·资源与环境》2011 年第 7 期。

根据表2-11和计算得到的表2-12，以生态功能区三市2010年种植粮食耕地面积、产量和权威机构公布的粮食平均收购价格等相关数据，计算得到韶关、河源和梅州三市耕地生态价值的理论值，列入表2-13中。

表2-13　2010年生态功能区三市耕地生态价值理论值

耕地生态服务功能	当量因子	Ea（元·hm^{-2}）	单位面积当量因子	韶关耕地生态价值（元）			河源耕地生态价值（元）			梅州耕地生态价值（元）		
				稻谷	豆类	薯类	稻谷	豆类	薯类	稻谷	豆类	薯类
气体调节	5.00E-01	1.49E+04	7.45E+03	9.39E+08	3.36E+08	1.53E+07	7.25E+08	1.82E+08	1.68E+07	1.32E+09	1.74E+08	7.40E+07
气候调节	8.90E-01	1.49E+04	1.33E+04	1.67E+09	5.97E+08	2.72E+07	1.29E+09	3.24E+08	3.00E+07	2.35E+09	3.10E+08	1.32E+08
水源涵养	6.00E-01	1.49E+04	8.94E+03	1.13E+09	4.03E+08	1.83E+07	8.70E+08	2.18E+08	2.02E+07	1.59E+09	2.09E+08	8.88E+07
土壤形成与保护	1.46E+00	1.49E+04	2.18E+04	2.74E+09	9.80E+08	4.46E+07	2.12E+09	5.32E+08	4.91E+07	3.86E+09	5.09E+08	2.16E+08
废物处理	1.64E+00	1.49E+04	2.44E+04	3.08E+09	1.10E+09	5.01E+07	2.38E+09	5.97E+08	5.52E+07	4.34E+09	5.72E+08	2.43E+08
生物多样性保护	7.10E-01	1.49E+04	1.06E+04	1.33E+09	4.77E+08	2.17E+07	1.03E+09	2.59E+08	2.39E+07	1.88E+09	2.47E+08	1.05E+08
生态娱乐	1.00E-02	1.49E+04	1.49E+02	1.88E+07	6.71E+06	3.06E+05	1.45E+07	3.64E+06	3.37E+05	2.64E+07	3.49E+06	1.48E+06
小计（元）				1.09E+10	3.90E+09	1.78E+08	8.43E+09	2.12E+09	1.96E+08	1.54E+10	2.03E+09	8.60E+08
合计（元）				1.50E+10			1.07E+10			1.82E+10		
总计（元）				4.40E+10								

资料来源：笔者根据《广东统计年鉴2011》整理研究计算制表。

计算结果表明，2010年三市耕地生态服务功能价值的理论值为440亿元。其中，韶关耕地生态服务功能价值为150亿元、河源耕地生态服务功能价值为107亿元、梅州耕地生态服务功能价值为182亿元。

（三）广东耕地实际当量与实际生态价值

区域经济功能水平及其差异在很大程度上决定了居民对生态系统生态价值的认同，耕地生态系统的服务功能价值同样也受到居民收入的影响。一般来说，区域经济越发达、居民收入越高，对生态价值的认同程度也高，居民的支付意愿也越高。有文献①证明两者之间呈同方向的变化。为此以能表征区域功能水平的恩格尔系数为基础，按照式 2-2 计算得到广东区域功能的阶段性系数 l，如表 2-14 所示。以 l 为修正系数，按照式 2-3 计算得到考虑了功能阶段系数或居民支付意愿情况下的单位当量因子的现实价值量，列入表 2-15 中。

计算结果显示，2010 年广东区域经济功能的阶段性系数为 0.627。在考虑居民支付意愿条件下的单位当量因子的现实价值量 $E_{areal}=9340$ 元/hm^2。2010 年三市耕地生态服务功能价值的实际值为 316 亿元，其中韶关耕地生态服务功能价值为 93.9 亿元、河源耕地生态服务功能价值为 107 亿元、梅州耕地生态服务功能价值为 114 亿元。

表 2-14　2010 年广东区域经济功能阶段性系数

项目	城镇	农村	平均值
人口结构	66.2	33.8	
En（%）	36.5	47.7	40.29
En^{-1}	2.739726	2.096436	2.482005
$En^{-1}-3$	−0.26027	−0.90356	−0.51799
$e^{-(1/En)+3}$	0.77084	0.405123	0.595714
l	0.564704	0.711681	0.626679

资料来源：笔者根据《广东统计年鉴 2011》整理研究计算制表。

表 2-15　2010 年广东生态功能区三市耕地生态服务功能价值的实际值

耕地生态服务功能	当量因子	Eareal（元·hm^{-2}）	单位面积当量因子	韶关耕地生态价值（元）			河源耕地生态价值（元）			梅州耕地生态价值（元）		
				稻谷	豆类	薯类	稻谷	豆类	薯类	稻谷	豆类	薯类
气体调节	5.00E−01	9.34E+03	4.67E+03	5.88E+08	2.10E+08	9.57E+06	7.25E+08	1.82E+08	1.68E+07	8.29E+08	1.09E+08	4.64E+07

① 马文博、李世平、陈昱：《基于 CVM 的耕地保护经济补偿探析》，《中国人口·资源与环境》2010 年第 20 卷第 11 期；蔡银莺、李晓云、张安录：《耕地资源非市场价值评估初探》，《生态经济》2006 年第 2 期。

续表

耕地生态服务功能	当量因子	Eareal（元·hm^{-2}）	单位面积当量因子	韶关耕地生态价值（元）			河源耕地生态价值（元）			梅州耕地生态价值（元）		
				稻谷	豆类	薯类	稻谷	豆类	薯类	稻谷	豆类	薯类
气候调节	8.90E-01	9.34E+03	8.31E+03	1.05E+09	3.74E+08	1.70E+07	1.29E+09	3.24E+08	3.00E+07	1.47E+09	1.94E+08	8.25E+07
水源涵养	6.00E-01	9.34E+03	5.60E+03	7.06E+08	2.52E+08	1.15E+07	8.70E+08	2.18E+08	2.02E+07	9.94E+08	1.31E+08	5.56E+07
土壤形成与保护	1.46E+00	9.34E+03	1.36E+04	1.72E+09	6.14E+08	2.80E+07	2.12E+09	5.32E+08	4.91E+07	2.42E+09	3.19E+08	1.35E+08
废物处理	1.64E+00	9.34E+03	1.53E+04	1.93E+09	6.90E+08	3.14E+07	2.38E+09	5.97E+08	5.52E+07	2.72E+09	3.58E+08	1.52E+08
生物多样性保护	7.10E-01	9.34E+03	6.63E+03	8.35E+08	2.99E+08	1.36E+07	1.03E+09	2.59E+08	2.39E+07	1.18E+09	1.55E+08	6.58E+07
生态娱乐	1.00E-02	9.34E+03	9.34E+01	1.18E+07	4.21E+06	1.91E+05	1.45E+07	3.64E+06	3.37E+05	1.66E+07	2.18E+06	9.27E+05
小计				6.83E+09	2.44E+09	1.11E+08	8.43E+09	2.12E+09	1.96E+08	9.63E+09	1.27E+09	5.39E+08
合计				9.39E+09			1.07E+10			1.14E+10		
总计				3.16E+10								

资料来源：笔者根据《广东统计年鉴 2011》整理研究计算制表。

第三节　生态发展区生态系统服务功能非使用价值测算

广东生态发展区三个山区市与其他山区市成小半月形，从东至西共同构成了广东北部的生态屏障，其涵养水源、调节环境气候、维系生态平衡的巨大价值对于全广东甚至整个华南地区都是不可或缺的。存在价值、遗产价值和选择价值共同构成了生态发展区生态系统的非使用价值。不论人们使用与否，生态发展区生态系统都蕴含了大量宝贵资源和丰富的知识。其存在本身就是一笔巨大的经济财富，值得保护和增持。在本节中，我们将使用支付意愿调查法（CVM）来分析评估生态发展区三市的生态系统服务功能的非使用价值。

一、支付意愿调查法

（一）基本原理

巨大的正外部性使得生态系统服务功能的价值难以通过完备的市场进行评价。因此，生态系统服务功能的价值长期被忽视，从而造成生态系统服务功能无价或低价值的状况，造成人们对环境资源的掠夺性开发与使用，其结果造成生态系统不可逆转的损害。意愿价值评估法根据效用最大化原理，通过构建假想市场，利用问卷调查，获知人们对于非市场物品的最大支付意愿（WTP）或最小受偿意愿（WTA），在经济学中 WTP 被认为是一切物品经济价值的唯一合理的表示方法。所以它也是迄今唯一能够获知与环境物品相关的全部使用价值，尤其是非使用价值的方法。消费者实际支出（即物品价格）和消费者剩余两部分构成了物品的经济价值（效用）：

物品的经济价值（效用）= 人们的最大支付意愿

=消费者实际支出+消费者剩余

在上式中，如果消费者剩余很小，可以忽略不计，那么消费者对物品的实际支出就等于其支付意愿，并且可以用消费者对物品的费用支出作为物品的经济价值；如果物品价格为零，即实际支付为零，商品的消费者剩余就是支付意愿。这种情况非常适合对无法进行市场交易、没有市场价格的生态资源环境进行价值评估。所以，最大支付意愿法具有评估非使用价值和任何非市场物品或服务价值的能力。

在具体运用支付意愿调查法时，如何选择调查方法、设计好调查问卷以及对调查数据进行统计分析研究是关键。

（二）调查方法与问卷设计

1. 调查方法

本研究选择了网络问卷调查方式。网络问卷调查是指通过互联网发出问卷来收集信息的调查方法。不论传统问卷调查，还是网络问卷调查，其本质都是由调查者根据调查目标设计一份问卷，被调查者通过回答问卷提供相关信息，不同的是，问卷的信息传递渠道和被调查者所处的调查环境有所改变。传统问卷调查样本小，调查过程中调查者有可能影响调查结果，调查信息的整理工作繁重复杂。而网络问卷可以克服这些缺陷。互联网具有开放性、自由性、平等性、广泛性和直接性等特点，所以网络调查具有传统调查所不可比拟的样本大、成本低、速度快、隐匿性好、干扰性小等优势。在具体操作中，研究团队与国内一家专业网络调查公司合作，在 2012 年 4 月 20 日至 5 月 20 日期间，对该公司所拥有的广东省近40万样本库成员进行抽样，随机抽取了1168名调查对象进行问卷调查，回收率达到100%，其中有效问卷1002份，有效率85.8%，问卷调查情况较为理想。

2. 问卷设计

问卷调查表的设计十分重要。问卷设计的过程就是一个假想市场的过程，要为此设造出一个能为被调查者理解的评价背景。问卷的设计不必套用固定的模式，但是也有一些基本的原则。一个完整的调查问卷必须包括三部分内容：环境物品、支付工具和评价背景。由于调查问卷是CVM中用来收集资料的工具，它在形式上是一份精心设计的问题表格，其用途是用来测量人们的行为、态度和社会特征。所以，在设计上要有较为简明的对调查者的致辞和指导语，要有符合调查目的和遵循WTP规则的调查问题及答案，还要对答案进行编号以便进行计算机处理。经过摸索之后，在充分了解情况的基础上，我们设计了此次调查问卷的初稿，然后通过260名的随机抽样试用并进行了修改，最终形成的调查问卷分为三个部分：第一部分是基本情况和指导语，说明调研课题的出处、目的和意义，同时还就如何填写问卷做了指导性说明；第二部分是7道问题，包括答卷者的性别、年龄、职业、收入等社会统计信息，以便我们分析研究影响支付意愿的社会因素；第三部分是13道问题，涉及调查对象的支付意愿的表达、支付额度、支付方式、款项用途和对政府决策的看法等内容。

二、调查数据统计分析

（一）样本特征统计

为考察影响支付意愿的相关影响因素，问卷对被调查对象的性别、年龄、受教育程度、收入、技术、对生态发展区的了解和关注程度、对生态发展区生态环境重要性的认识以及对经济发展与生态环境保护之间关系的看法等信息进行了调查。被调查对象的基本信息如表2-16所示。

表 2-16 被调查对象的基本情况

类别	变量	变量属性	样本人数	比例（%）
人口变量	性别	男	477	47.65%
		女	524	52.35%
	年龄（岁）	17 及以下	13	1.3%
		18—22	286	28.57%
		23—35	622	62.14%
		36—60	80	7.99%
		60 以上	0	0%
区域变量	居住地	珠江三角洲地区	644	64.34%
		粤东	204	20.38%
		粤西	88	8.79%
		粤北	65	6.49%
教育程度	文化程度	初中及以下	24	2.4%
		高中	110	10.99%
		专科或本科	831	83.02%
		研究生以上	36	3.6%
工作职业	职业	企事业职工	557	55.64%
		企业主	10	1%
		个体业主	54	5.39%
		高校教师或学生、研究所研究人员	248	24.78%
		农民	5	0.5%
		公务员	31	3.1%
		下岗/待业	13	1.3%
		离退休	1	0.1%
		其他	82	8.19%
	职称	没有职称	454	45.35%
		初级职称	226	22.58%
		中级职称	260	25.97%
		高级职称	61	6.09%

续表

类别	变量	变量属性	样本人数	比例（%）
公众意识	对环境的敏感性	变差	616	61.54%
		没变	199	19.88%
		变好	186	18.58%
	对生态区了解程度	没听说过，不太了解	185	18.48%
		听说过，有些了解	708	70.73%
		很了解	108	10.79%
	对生态区重要程度的认识	非常重要	644	64.34%
		比较重要	320	31.97%
		既不是重要也不是不重要	29	2.9%
		不太重要	8	0.8%
		很不重要	0	0%
	对生态区关注程度	非常关注，以前去过	229	22.88%
		比较关注，有计划去	657	65.63%
		无所谓	97	9.69%
		根本不关注	18	1.8%
	对保护与功能的看法	优先功能经济，再保护生态资源环境	57	5.69%
		优先保护生态资源环境，再功能经济	358	35.76%
		经济功能和生态资源环境保护同时进行	577	57.64%
		功能经济，不必保护生态资源环境	2	0.2%
		专注保护生态资源环境，不必功能经济	7	0.7%

续表

类别	变量	变量属性	样本人数	比例（%）
收入	月收入（元）	没有收入	176	17.58%
		2000 及以下	132	13.19%
		2001—5000	409	40.86%
		5001—10000	239	23.88%
		10001—15000	36	3.6%
		1.5 万以上	9	0.9%

资料来源：笔者根据专业网络调查公司随机抽样数据整理研究计算制表。

（二）被调查者支付意愿统计分析

1. 支付意愿基本统计情况

问卷中询问被调查者广东生态发展区地方政府和当地居民为生态环境保护是否付出了代价？是否需要补偿？是否愿意为保护生态资源而支付费用？如果愿意支付费用，每年愿意支付的最大金额是多少？是以现金形式支付到某一生态保护基金组织并委托专用、以现金形式支付给广东生态发展区生态资源保护的管理机构、以税费形式上缴国家统一支配、以购买环保彩票的方式支付，还是以其他方式支付这笔款项？被调查者对于上述问题的回答结果如表 2-17 所示。

表 2-17　支付意愿和补偿意愿调查结果统计表

类别	变量	变量属性	样本人数	比例（%）
补偿态度与支付意愿	补偿态度	付出了代价	647	64.64%
		没有付出代价	59	5.89%
		需要补偿	828	82.72%
		不需要补偿	67	6.69%
		应该	982	98.1%
		无所谓	18	1.8%
		不应该	1	0.1%

续表

类别	变量	变量属性	样本人数	比例（%）
	支付态度	不愿意	116	11.59%
		愿意	885	88.41%
	支付数量（元）	0—50	393	39.26%
		51—150	321	32.07%
		151—300	146	14.59%
		301—500	87	8.69%
		501—1000	41	4.1%
		1000 以上	13	1.3%
	支付形式	以现金支付到生态保护基金组织并委托专用	308	30.77%
		以现金支付给生态区的管理机构	127	12.69%
		以税费形式上缴给国家统一支配	250	24.98%
		以购买生态环保彩票的方式支付	262	26.17%
		其他方式	54	5.39%
	支付目的	改善生态区农村居民的生活	283	28.27%
		改善生态区城乡居民的生活	229	22.88%
		生态区地方政府保护生态资源	386	38.56%
		生态区地方政府功能生态产业	103	10.29%
	影响支付因素	收入较低	517	51.65%
		对生态区的生态资源保护不感兴趣	25	2.5%
		没有必要支付	18	1.8%
		这项支付是政府的事	307	30.67%
		其他原因	134	13.39%

资料来源：笔者根据专业网络调查公司随机抽样数据整理研究计算制表。

2. 支付意愿频数分布表与描述性统计指标

表 2-17 显示，在本次调查的范围内，被调查者认为广东生态发展区地方政府和当地居民为生态环境保护付出了代价和需要补偿的比例分别为 64.64%

和 82.72%，两者之间相差 18.08 个百分点。由此大体可以得出两个基本判断：一是广东省内居民如果意识到生态发展区政府和居民为保护广东生态屏障付出了代价，就会认可对其进行补偿；二是广东省内居民对生态发展区政府和居民的生态保护还有更高层次的要求，但即便如此，他们还是认为应该对生态发展区为保护广东生态屏障进行补偿。支付意愿和补偿意愿调查结果统计表还显示，当补偿支付数额较小时，同意支付人数的比例还稍大于有支付意愿人数的比例，这说明广东省内居民对保护生态屏障的重要性具有相当高的认同感。为更具体地掌握省内居民支付意愿的分布规律，笔者整理和计算出本次问卷调查中被调查者的支付金额意愿频数分布统计表 2-18。

在本次问卷调查中，共有 1002 人表达了自己的支付意愿，其中 116 人不愿意为保护广东生态屏障和生态环境支付费用。在愿意支付的被调查对象中，其支付意愿由所选择支付金额档次的中值代表。经计算，得到被调查者的平均支付意愿为 150 元，标准差为 195.2 元，支付意愿的中值为 100 元，众数为 25 元，峰值为 5.7，偏度为 2.3，所有样本的方差为 38116 平方元，差异系数为 1.3，离散程度较大，非正态分布明显。广东省内居民的支付意愿金额存在较大的差异。具体支付意愿分布规律和调查问卷的描述性统计量分别如图 2-2 和表 2-19 所示。

表 2-18　支付金额意愿频数分布统计表

支付意愿（元）	频数（人）	频率（%）	累积频数（人）	累积频率（%）
0	116	11.6	116	11.6
25	277	27.6	393	39.2
100	322	32.1	715	71.4
225	146	14.6	861	85.9
400	87	8.7	948	94.6
750	41	4.1	989	98.7
1000	13	1.3	1002	100.0
合计	1002	100.0		

资料来源：笔者根据专业网络调查公司随机抽样数据整理研究计算制表。

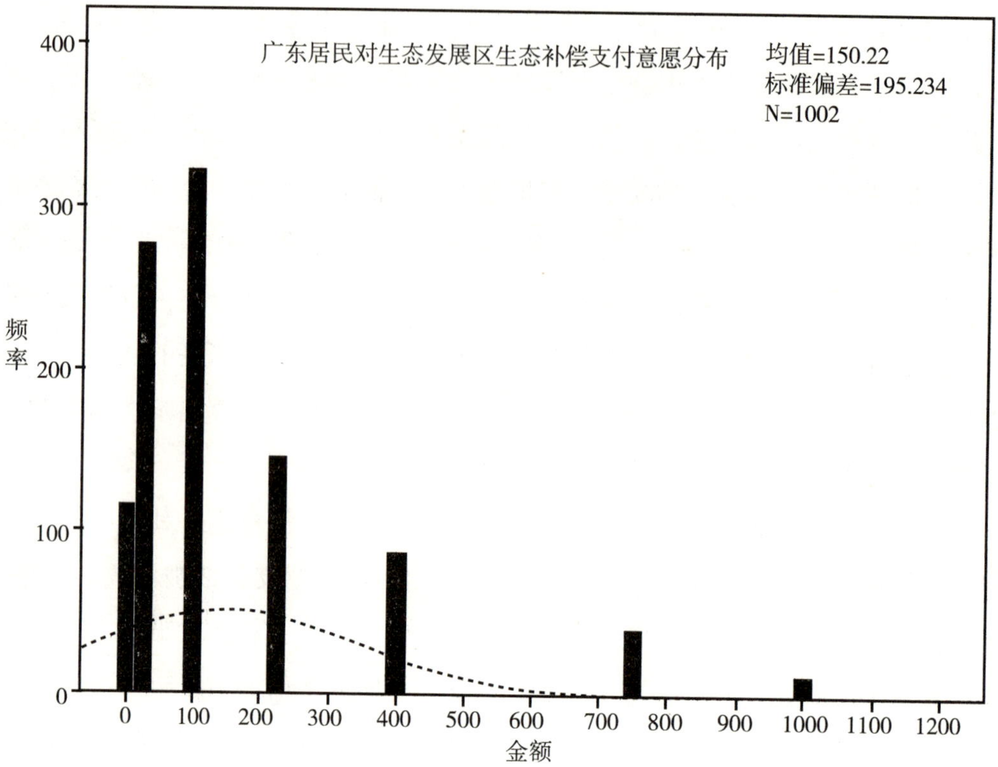

图 2-2 广东省内居民对广东生态功能区生态补偿的支付意愿分布

资料来源：笔者根据专业网络调查公司随机抽样数据整理研究计算绘制。

表 2-19 支付意愿描述性统计量

	N	总和	均值		标准差	方差	偏度		峰度	
	统计量	统计量	统计量	标准误	统计量	统计量	统计量	标准误	统计量	标准误
金额	1002	150525	150. 22	6. 168	195. 234	38116. 208	2. 322	. 077	5. 677	. 154

资料来源：笔者根据专业网络调查公司随机抽样数据整理研究计算制表。

从图 2-2 和表 2-18 还可以知道，年支付意愿金额为 25 元、100 元和 225 元的频数较大，分别为 277 人、322 人和 146 人。支付意愿主要集中在 25—225 元之间，这一部分人数占到全体被调查对象的 74. 3%。

对收入分布统计计算可以知道，全体被调查者年均收入为 47239 元，全体被调查者意愿支付金额总和为 150525 元，不愿意支付的人数为 161 人，年支付金额均值为 25 元的人数为 277 人。考虑到年支付金额意愿均值为 25 元的人数只占全体被调查者年均收入 47239 元的 0.053%，这部分样本支付金额总和 6925 元只占支付意愿总额 150525 元的 4.6%，所以在以下的统计或计量分析中，将对这一档次的支付意愿者与 0 元支付意愿者进行合并，以扩大 0 元支付意愿样本的数量。

3. 列联表相关分析

被调查者的支付意愿与被调查者的收入水平、受教育程度、家庭状况、居住地点等社会经济特征有着密切的联系，这些联系的程度以及数字特征可以通过列联表的相关分析予以确定。

本研究采用列联分析方法来考察被调查对象难以量化的性别、居住地、受教育程度、职业等社会经济背景，被调查对象对于广东生态发展区的认知程度和相关态度与被调查对象支付意愿的相关关系。原假设 H_0 为：具有不同社会经济特性和认知的居民是否愿意支付的行为是相互独立的。通过计算分析得到影响被调查对象支付意愿相关因素的列联 χ^2 检验值，如表 2-20 所示。

表 2-20　影响居民支付意愿相关因素的列联 χ^2 检验值

	Person Chi-Squre	df	symp. Sig. （2-sided）
性别	3.820	1	.051
年龄	12.888	3	.005
居住地	4.790	3	.188
受教育程度	2.735	3	.434
职业	8.433	8	.392
职称	36.025	3	.000
收入	35.702	5	.000
对住地环境的主观感觉	5.332	2	.070
对生态区的了解	29.743	2	.000
对生态服务重要性的认识	10.272	3	.016
对生态区的关注程度	28.139	3	.000
对省政府的要求	1.766	2	.414

续表

	Person Chi-Squre	df	symp. Sig. （2-sided）
支付形式	63.106	4	.000
保护与发展观	9.457	4	.051
对补偿政策的态度	14.934	4	.005

资料来源：笔者根据专业网络调查公司随机抽样数据整理研究计算制表。

检验结果显示：被调查对象的年龄、职称、收入、对生态区的了解、对生态服务价值重要性的认知、对生态区的关注程度、支付形式以及对政府有关生态补偿政策的态度等因素与被调查对象的支付意愿在 $\alpha=0.05$ 的显著性水平上高度相关；被调查对象的性别、对住地环境的主观感觉、保护与发展观等因素与被调查对象的支付意愿在 $\alpha=0.1$ 的显著性水平上相关；被调查对象的居住地、受教育程度、职业、对省政府的要求等因素与被调查对象的支付意愿的相关性不显著，其 χ^2 检验值分别为 4.79、2.735、8.433 和 1.766，双边检验概率分别为 0.188、0.434、0.392 和 0.414，这与我们的主观感觉不太一致。以上检验结果初步说明，居民的收入、职称、对生态区的了解、对生态服务价值重要性的认知、对生态区的关注程度等因素与对生态发展区生态补偿的支付意愿具有较大的相关性，而受教育程度、居住地和职业等因素的差异对支付意愿影响较小。所以在政策制定时更应注意普遍性。

图 2-3 是对问卷数据整理研究计算后，得到的收入与支付意愿间的关系。按照支付意愿理论，被调查者支付意愿在较大程度上取决于其收入水平，上面 χ^2 检验也说明了这一点，图 2-3 可以更直观地显示出两者之间的相关关系。

图表直观显示，高收入人群的支付意愿较大，如月收入在 10000 元以上的居民每年愿意支付 1000 元以上的有 4 人，占该人群样本 13 人的 30.8%。收入与支付意愿详细的列联分析，如在样本中的支付人数、理论人数、收入与意愿的比率、残差、标准残差、调整残差等参数如表 2-21 所示。

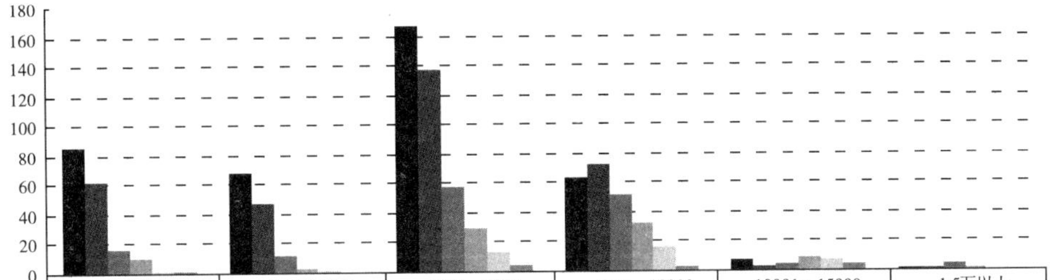

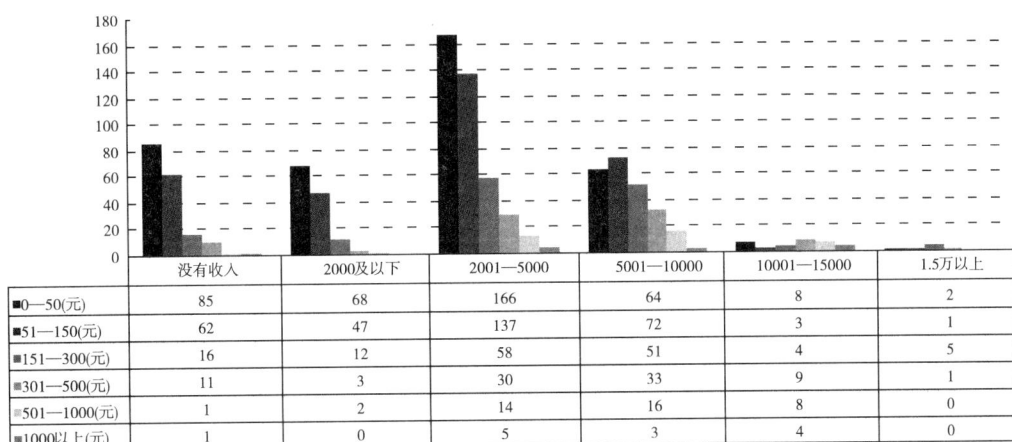

	没有收入	2000及以下	2001—5000	5001—10000	10001—15000	1.5万以上
■0—50(元)	85	68	166	64	8	2
■51—150(元)	62	47	137	72	3	1
■151—300(元)	16	12	58	51	4	5
■301—500(元)	11	3	30	33	9	1
■501—1000(元)	1	2	14	16	8	0
■1000以上(元)	1	0	5	3	4	0

图 2-3　收入与支付意愿的关系

资料来源：笔者根据专业网络调查公司随机抽样数据整理研究计算绘制。

表 2-21　收入水平与支付意愿列联分析表

收入/支付金额列联表									
			支付金额（元）						合计
			0—50	51—150	151—300	301—500	501—1000	1000 以上	
收入	没有收入	计数	85	62	16	11	1	1	176
		期望的计数	69.0	56.6	25.6	15.3	7.2	2.3	176.0
		收入中的%	48.3%	35.2%	9.1%	6.2%	0.6%	0.6%	100.0%
		支付金额中的%	21.6%	19.3%	11.0%	12.6%	2.4%	7.7%	17.6%
		总数的%	8.5%	6.2%	1.6%	1.1%	0.1%	0.1%	17.6%
		残差	16.0	5.4	-9.6	-4.3	-6.2	-1.3	
		标准残差	1.9	.7	-1.9	-1.1	-2.3	-.8	
		调整残差	2.7	1.0	-2.3	-1.3	-2.6	-.9	
	2000 元及以下	计数	68	47	12	3	2	0	132
		期望的计数	51.8	42.4	19.2	11.5	5.4	1.7	132.0
		收入中的%	51.5%	35.6%	9.1%	2.3%	1.5%	0.0%	100.0%
		支付金额中的%	17.3%	14.6%	8.2%	3.4%	4.9%	0.0%	13.2%
		总数的%	6.8%	4.7%	1.2%	0.3%	0.2%	0.0%	13.2%
		残差	16.2	4.6	-7.2	-8.5	-3.4	-1.7	
		标准残差	2.3	.7	-1.6	-2.5	-1.5	-1.3	
		调整残差	3.1	.9	-1.9	-2.8	-1.6	-1.4	

续表

收入/支付金额列联表

	2001—5000	计数	166	137	58	30	14	5	410
		期望的计数	160.8	131.8	59.7	35.6	16.8	5.3	410.0
		收入中的%	40.5%	33.4%	14.1%	7.3%	3.4%	1.2%	100.0%
		支付金额中的%	42.2%	42.5%	39.7%	34.5%	34.1%	38.5%	40.9%
		总数的%	16.6%	13.7%	5.8%	3.0%	1.4%	0.5%	40.9%
		残差	5.2	5.2	-1.7	-5.6	-2.8	-.3	
		标准残差	.4	.5	-.2	-.9	-.7	-.1	
		调整残差	.7	.7	-.3	-1.3	-.9	-.2	
	5001—10000	计数	64	72	51	33	16	3	239
		期望的计数	93.7	76.8	34.8	20.8	9.8	3.1	239.0
		收入中的%	26.8%	30.1%	21.3%	13.8%	6.7%	1.3%	100.0%
		支付金额中的%	16.3%	22.4%	34.9%	37.9%	39.0%	23.1%	23.9%
		总数的%	6.4%	7.2%	5.1%	3.3%	1.6%	0.3%	23.9%
		残差	-29.7	-4.8	16.2	12.2	6.2	-.1	
		标准残差	-3.1	-.5	2.7	2.7	2.0	-.1	
		调整残差	-4.5	-.8	3.4	3.2	2.3	-.1	
	10001—15000	计数	8	3	4	9	8	4	36
		期望的计数	14.1	11.6	5.2	3.1	1.5	.5	36.0
		收入中的%	22.2%	8.3%	11.1%	25.0%	22.2%	11.1%	100.0%
		支付金额中的%	2.0%	0.9%	2.7%	10.3%	19.5%	30.8%	3.6%
		总数的%	0.8%	0.3%	0.4%	0.9%	0.8%	0.4%	3.6%
		残差	-6.1	-8.6	-1.2	5.9	6.5	3.5	
		标准残差	-1.6	-2.5	-.5	3.3	5.4	5.2	
		调整残差	-2.1	-3.1	-.6	3.5	5.6	5.3	
	1.5万以上	计数	2	1	5	1	0	0	9
		期望的计数	3.5	2.9	1.3	.8	.4	.1	9.0
		收入中的%	22.2%	11.1%	55.6%	11.1%	0.0%	0.0%	100.0%
		支付金额中的%	0.5%	0.3%	3.4%	1.1%	0.0%	0.0%	0.9%
		总数的%	0.2%	0.1%	0.5%	0.1%	0.0%	0.0%	0.9%
		残差	-1.5	-1.9	3.7	.2	-.4	-.1	
		标准残差	-.8	-1.1	3.2	.2	-.6	-.3	
		调整残差	-1.0	-1.4	3.5	.3	-.6	-.3	
合计		计数	393	322	146	87	41	13	1002
		期望的计数	393.0	322.0	146.0	87.0	41.0	13.0	1002.0
		收入中的%	39.2%	32.1%	14.6%	8.7%	4.1%	1.3%	100.0%
		支付金额中的%	100.0%	100.0%	100.0%	100.0%	100.0%	100.0%	100.0%
		总数的%	39.2%	32.1%	14.6%	8.7%	4.1%	1.3%	100.0%

资料来源：笔者根据专业网络调查公司随机抽样数据整理研究计算制表。

4. 回归模型分析

为了更准确地把握影响广东居民对生态发展区生态补偿支付意愿的主要因素，了解居民愿意支付的可能性，也就是支付的概率有多大，这种支付意愿概率受上述影响因素的影响程度，可以运用 Logistic 模型进行回归分析，来预测居民支付意愿发生的概率。估计模型如下。

$$p=\frac{e^{f(x)}}{1+e^{f(x)}}$$

或者：

$$\ln\{\frac{p}{1-p}\}=\ln\{e^{f(x)}\}=f(x)=\beta_0+\beta_1x_1+\beta_2x_2+\cdots\cdots+\beta_nx_n$$

式中 β_0、β_1、β_2、……β_n 就是要估计的参数。

设定支付意愿的取值为 0、1，取值 0 时表示没有支付意愿，取值 1 时表示有支付意愿，建模时采用扩大了的无支付意愿样本数量。首先将被调查对象的社会经济特征变量、被调查对象对生态发展区的认知程度变量、被调查对象对生态环境保护重要性的认识程度等变量全部代入方程中，也即将问卷调查中的第 1 题至第 13 题和第 16、19、20 题等相关的变量全部代入方程中，经过多次迭代得到支付意愿的估计方程如表 2-22 所示。

表 2-22　相关自变量全部代入的估计方程

方程中的变量							
		B	S. E.	Wals	df	Sig.	Exp（B）
步骤 1[a]	性别	-.058	.142	.170	1	.680	.943
	年龄	-.501	.144	12.058	1	.001	.606
	居住地	.214	.080	7.232	1	.007	1.239
	文化程度	.135	.148	.825	1	.364	1.144
	职业	.015	.032	.214	1	.644	1.015
	职称	.207	.083	6.207	1	.013	1.230
	收入	.352	.090	15.207	1	.000	1.422
	住地环境感觉	-.151	.090	2.857	1	.091	.860
	生态发展认识程度	.476	.145	10.752	1	.001	1.609
	生态发展重要度	-.139	.129	1.163	1	.281	.870
	关注程度	-.140	.127	1.215	1	.270	.869
	对省政府要求	.107	.477	.050	1	.823	1.113
	支付形式	-.300	.055	29.764	1	.000	.741
	支付用处	.016	.071	.054	1	.816	1.017
	补偿政策态度	-.050	.121	.171	1	.679	.951
	常量	.308	.914	.114	1	.736	1.361

续表

方程中的变量
a. 在步骤 1 中输入的变量：性别，年龄，居住地，文化程度，职业，职称，收入，住地环境感觉，生态发展认识程度，生态发展重要度，关注程度，对省政府要求，支付形式，支付用处，补偿政策态度。

资料来源：笔者根据专业网络调查公司随机抽样数据整理研究计算制表。

对其进行系数的综合检验，得到检验结果列入表 2-23 中。从表中可知，回归模型的整体模型适配度检验的卡方值等于 126.26，$p=0.000<0.05$，达到了显著性水平，表示在选入的自变量中，至少有一个自变量，可以有效地解释与预测样本愿意支付与否的分类结果，至于是哪几个自变量，则需要进行个别参数系数显著性的估计结果才能知道。

表 2-23　整体模型系数的显著性检验

模型系数的综合检验				
		卡方	df	Sig.
步骤 1	步骤	126.260	15	.000
	块	126.260	15	.000
	模型	126.260	15	.000

资料来源：笔者根据专业网络调查公司随机抽样数据整理研究计算制表。

为此，采用向前条件法，根据 SCORE 检验与条件参数估计逐步选择模型中显著的自变量，经过 6 步迭代后得到的估计方程如表 2-24 所示。

表 2-24　最终估计方程

方程中的变量							
		B	S. E.	Wals	df	Sig.	Exp（B）
步骤 1[a]	支付形式	-.340	.052	43.099	1	.000	.712
	常量	1.351	.157	74.196	1	.000	3.860

续表

方程中的变量							
步骤 2[b]	收入	.302	.061	24.791	1	.000	1.352
	支付形式	-.328	.052	39.193	1	.000	.720
	常量	.470	.232	4.103	1	.043	1.600
步骤 3[c]	收入	.272	.062	19.348	1	.000	1.312
	生态发展认识程度	.562	.131	18.273	1	.000	1.754
	支付形式	-.316	.053	35.694	1	.000	.729
	常量	-.546	.332	2.701	1	.100	.579
步骤 4[d]	年龄	-.505	.141	12.897	1	.000	.603
	收入	.435	.078	31.042	1	.000	1.546
	生态发展认识程度	.571	.132	18.580	1	.000	1.770
	支付形式	-.302	.053	32.014	1	.000	.740
	常量	.337	.414	.663	1	.415	1.401
步骤 5[e]	年龄	-.512	.141	13.104	1	.000	.599
	居住地	.221	.079	7.876	1	.005	1.247
	收入	.447	.079	32.239	1	.000	1.563
	生态发展认识程度	.582	.133	19.122	1	.000	1.790
	支付形式	-.313	.054	33.958	1	.000	.731
	常量	-.010	.433	.001	1	.981	.990
步骤 6[f]	年龄	-.523	.142	13.572	1	.000	.593
	居住地	.216	.079	7.460	1	.006	1.241
	职称	.212	.082	6.713	1	.010	1.236
	收入	.369	.084	19.135	1	.000	1.446
	生态发展认识程度	.556	.134	17.197	1	.000	1.743
	支付形式	-.300	.054	30.987	1	.000	.740
	常量	-.133	.437	.092	1	.761	.876
a. 在步骤 1 中输入的变量：支付形式。							
b. 在步骤 2 中输入的变量：收入。							

续表

方程中的变量	
c. 在步骤 3 中输入的变量：生态发展认识程度。	
d. 在步骤 4 中输入的变量：年龄。	
e. 在步骤 5 中输入的变量：居住地。	
f. 在步骤 6 中输入的变量：职称。	
整体模型适配度检验	$\chi^2=117.462$ df=6 Sig=0.000 Hosmer 和 Lemeshow 检验值：$\chi^2=7.803$ df=6 Sig=0.453

资料来源：笔者根据专业网络调查公司随机抽样数据整理研究计算制表。

将估计方程的变量分别以如下字母替代。

X_1：收入；X_2：年龄；X_3：居住地；X_4：职称；X_5：支付形式；X_6：对生态系统功能价值认识程度；于是得到广东省内居民对生态发展区生态补偿支付意愿的 Logsitic 模型为：

$$P=\frac{e^{-0.133+0.369x1-0.523x2+0.216x3+0.212x4-0.30x5+0.556x6}}{1+e^{-0.133+0.369x1-0.523x2+0.216x3+0.212x4-0.30x5+0.556x6}}$$

从估计方程的各项参数可以知道，模型的整体适配度较高，进入方程的 6 个变量在 $\alpha=0.05$ 的显著性水平下能显著地影响样本愿意支付的可能性。其中，居民对广东生态发展区生态服务功能价值认识程度越高，愿意支付的可能性越大；收入水平越高，愿意支付的可能性也越大；职称、居住地、年龄、支付形式等都对居民的支付意愿的可能性产生重大的影响。

5. 其他相关统计

为了设计出较有针对性的广东生态发展区生态补偿政策，问卷中设计了不愿支付的原因、有关支付方式、支付费用的用途、生态发展区保护与发展的关系、对政府生态补偿政策的看法等问题。笔者将被调查对象对这些问题的回答结果分别进行统计，并列入表 2-25、表 2-26、表 2-27、表 2-28、表 2-29 中。

表 2-25　不愿意支付主要原因频数表

选项	小计	比例
收入较低	518	51.7%
对生态区的生态资源保护不感兴趣	25	2.5%
没有必要支付	18	1.8%
这项支付是政府的事	307	30.64%
其他原因	134	13.37%
本题有效填写人次	1002	

资料来源：笔者根据专业网络调查公司随机抽样数据整理研究计算制表。

从表 2-25 中可以知道，居民不愿意支付的主要原因有两个：一是收入水平低，这部分人数所占的比率达到 51.7%，这与前面的列联表分析及 Logistic 回归分析的结论是一致的。二是大家都认识到了生态服务是一种公共服务，提供生态服务是政府的事权和主业，需要上级政府在财政科目中列支。这部分的答卷人数有 307 人，所占比率为 30.64%。

表 2-26　广东省内居民生态补偿资金支付方式频数表

选项	小计	比例
以现金支付到生态保护基金组织并委托专用	309	30.84%
以现金支付给生态区的管理机构	127	12.67%
以税费形式上缴给国家统一支配	250	24.95%
以购买生态环境彩票的方式支付	262	26.15%
其他方式	54	5.39%

资料来源：笔者根据专业网络调查公司随机抽样数据整理研究计算制表。

表 2-26 显示，被调查者对于通过哪种支付形式来支付保护生态发展区生态环境的费用具有较明显的方式选择。选择以现金支付到生态保护基金组织并委托专用的被调查者人数比重最高，有 309 人，占样本数的 30.84%；选择以税费形式上缴给国家统一支配的人数为 250 人，占样本数的 24.95%；选择以

购买生态环境彩票方式支付的人数为 262 人，占样本数的 26.15%。这为政府制定生态补偿的相应政策提供了科学的数量依据。

表 2-27　广东省内居民生态补偿资金支付用途频数表

选项	小计	比例
改善生态区农村居民的生活	283	28.24%
改善生态区城乡居民的生活	230	22.95%
生态区地方政府保护生态资源	386	38.52%
生态区地方政府发展生态产业	103	10.28%

资料来源：笔者根据专业网络调查公司随机抽样数据整理研究计算制表。

表 2-27 显示，广东省内居民对生态发展区生态补偿意愿支付费用的用途按频率依次排序为：用于生态区地方政府保护生态资源、用于改善生态区农村居民生活、用于改善生态区城乡居民生活、用于生态区地方政府发展生态产业。这为政府制定生态补偿资金的管理办法提供了科学的数量依据。

表 2-28　广东省内居民对生态发展区保护与发展的看法频数表

选项	小计	比例
优先发展经济，再保护生态资源环境	57	5.69%
优先保护生态资源环境，再发展经济	358	35.73%
经济发展和生态资源环境保护同时进行	578	57.68%
发展经济，不必保护生态资源环境	2	0.2%
专注保护生态资源环境，不必发展经济	7	0.7%

资料来源：笔者根据专业网络调查公司随机抽样数据整理研究计算制表。

表 2-28 非常清楚地表达了广东省内居民对生态发展区有关生态资源环境保护与经济发展之间关系的观点。有 578 人，占样本数的 57.68%的被调查者认为生态发展区应该在发展中保护、在保护中发展，实现发展与保护的相互协调和良性互动；有 358 人，占样本数的 35.73%的被调查者认为生态发展区应该优先保护生态资源环境，再发展经济；只有 5.69%的被调查者认为应优先发展经济，

再保护生态资源环境；0.7%的被调查者认为只需专注保护而不必发展；0.2%的被调查者认为只需发展而不必保护。这为生态发展区政府实施绿色发展战略，坚持在发展中保护和在保护中发展提供了居民认同的数量依据。

表 2-29　对政府实施生态补偿政策的态度频数表

选项	小计	比例
非常支持	548	54.69%
比较支持	419	41.82%
无所谓	26	2.59%
不太支持	7	0.7%
根本不支持	2	0.2%

资料来源：笔者根据专业网络调查公司随机抽样数据整理研究计算制表。

表 2-29 显示，对政府实施广东生态发展区生态补偿政策积极支持的人占了绝大多数。在本次问卷调查中，非常支持和比较支持的人有 967 人，占样本数的 96.51%，显示了广东省内居民对省级政府和中央政府实施对广东生态发展区生态补偿政策的支持态度。

三、主要结论

通过以上对问卷调查数据的描述性统计分析、相关列联表分析和 Logistic 回归分析可以得到广东省内居民对广东生态发展区保护生态环境的支付意愿的主要相关信息。

（一）年平均支付意愿及支付总额

笔者将本次调查问卷的相关数据依加权平均数的公式，计算得到广东省内居民对广东生态发展区生态补偿年支付意愿的数学期望均值如下。

$$WTP = \bar{X} = \frac{\sum X_i \cdot f}{\sum f}$$

$$= \frac{393 \times 0 + 322 \times 100 + 146 \times 225 + 87 \times 400 + 41 \times 750 + 13 \times 1000}{393 + 322 + 146 + 87 + 41 + 13} \approx 143(\text{元})$$

即广东省内居民对生态发展区生态补偿年平均支付意愿是 143 元，这也是广东省内居民对生态发展区非使用生态价值的评价值。根据《广东省统计年鉴 2011》，2010 年广东省的常住人口为 1.0441 亿人，15 岁以上的人口比例为 83.1%，据此可以推断广东省内居民对广东生态发展区为保护生态系统给予补偿的年支付意愿总额为：

V = WTP×常住人口×83.1% = 143×1.0441×0.831 = 124.07（亿元）。

进一步对本次调查问卷中居住地与支付意愿两个变量数据进行相关列联分析，还可以分别得到珠三角、粤东、粤西、粤北四个居住地在不同支付意愿档次中的频数或频率，如图 2-4、图 2-5 所示。根据珠三角、粤东、粤西、粤北四个地区常住人口比率和随机抽样后的样本比率以及 15 岁以上人口的比率，计算得到珠三角、粤东、粤西、粤北四个地区居民的年人均支付意愿和年支付意愿总额，如图 2-6 所示。

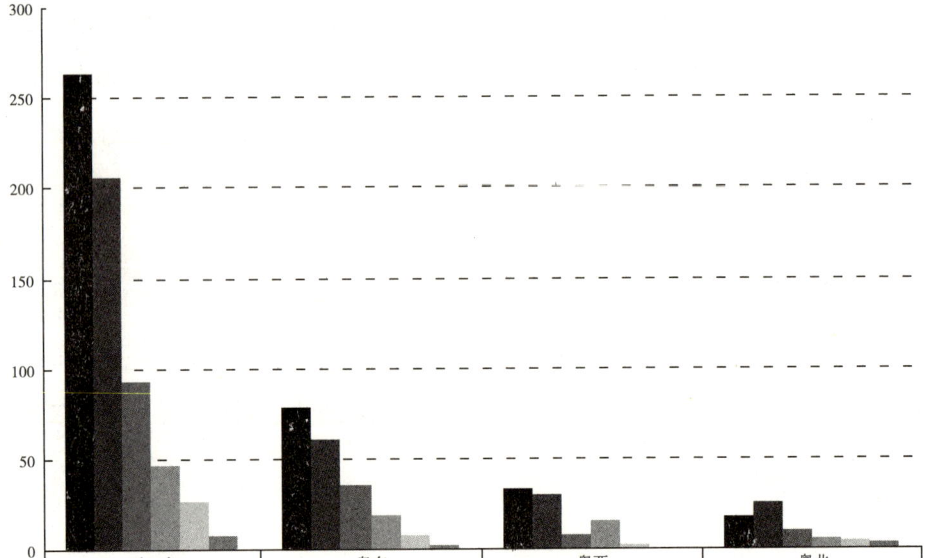

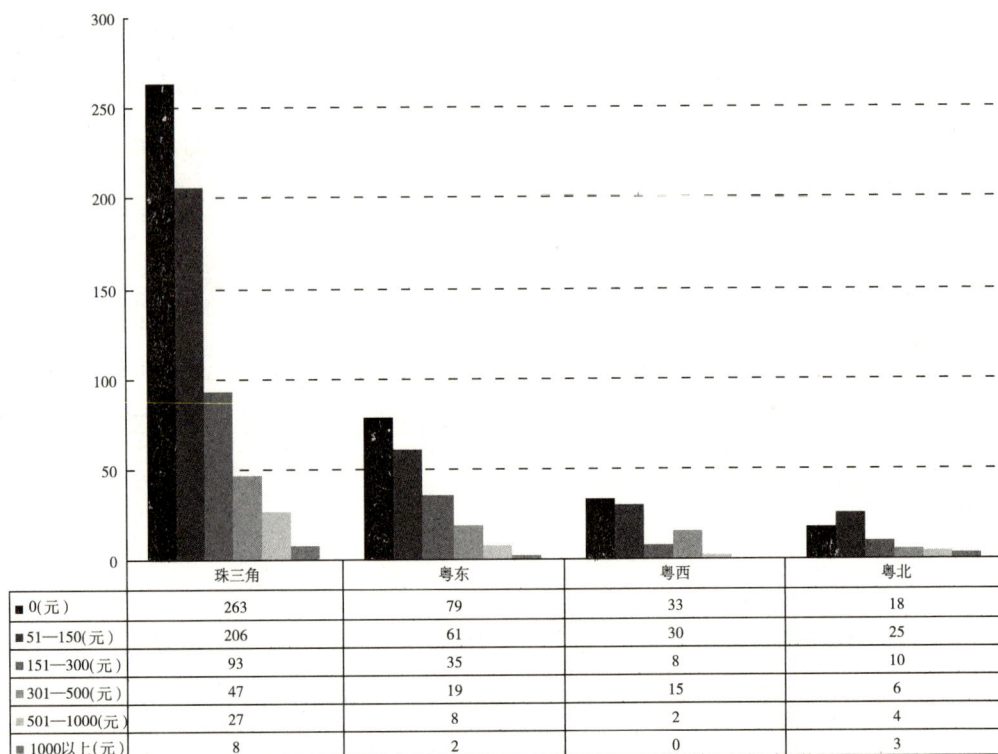

	珠三角	粤东	粤西	粤北
■ 0(元)	263	79	33	18
■ 51—150(元)	206	61	30	25
■ 151—300(元)	93	35	8	10
■ 301—500(元)	47	19	15	6
■ 501—1000(元)	27	8	2	4
■ 1000以上(元)	8	2	0	3

图 2-4 珠三角、粤东、粤西、粤北四地区居民支付意愿列联表（频数）

资料来源：笔者根据专业网络调查公司随机抽样数据整理研究计算绘制。

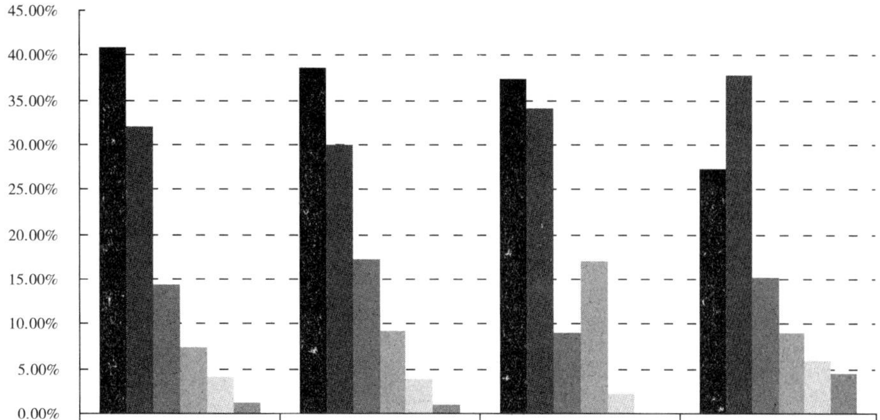

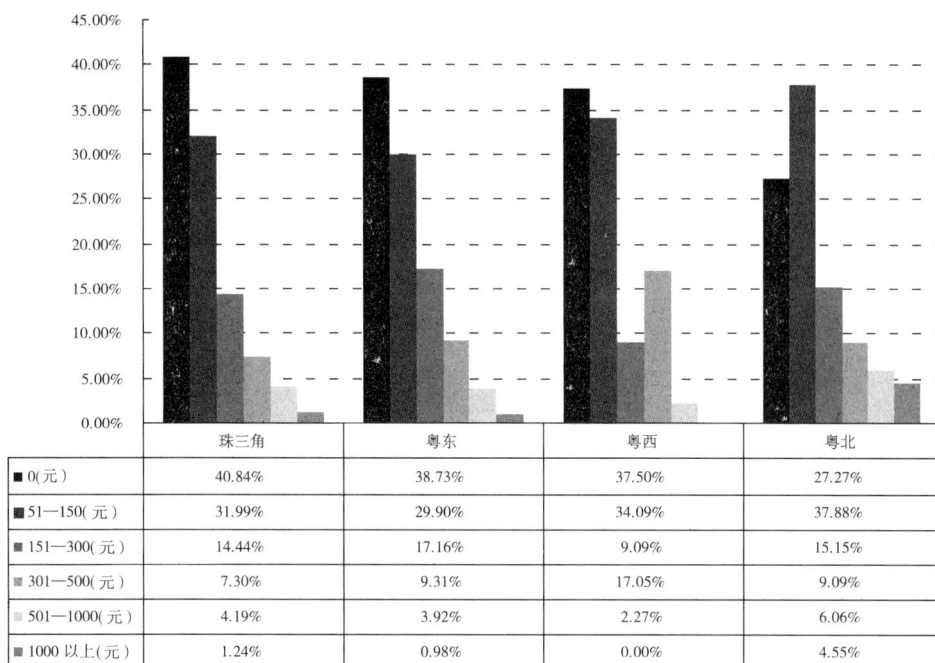

	珠三角	粤东	粤西	粤北
■ 0(元)	40.84%	38.73%	37.50%	27.27%
■ 51—150(元)	31.99%	29.90%	34.09%	37.88%
■ 151—300(元)	14.44%	17.16%	9.09%	15.15%
■ 301—500(元)	7.30%	9.31%	17.05%	9.09%
■ 501—1000(元)	4.19%	3.92%	2.27%	6.06%
■ 1000 以上(元)	1.24%	0.98%	0.00%	4.55%

图 2-5　珠三角、粤东、粤西、粤北四地区居民支付意愿列联表（频率）

资料来源：笔者根据专业网络调查公司随机抽样数据整理研究计算绘制。

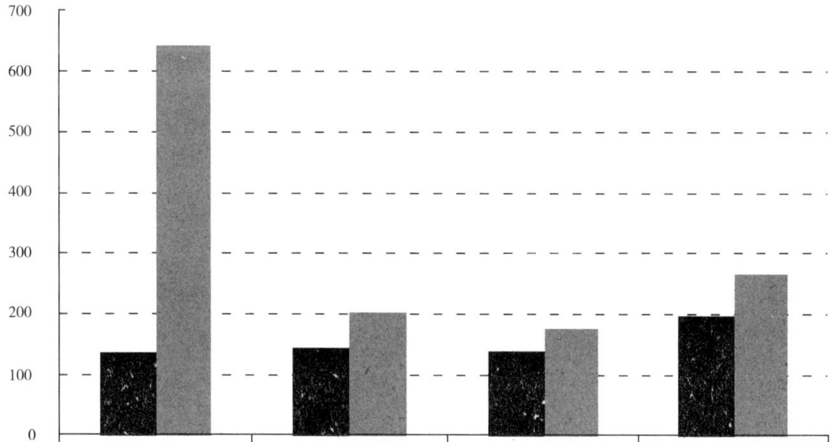

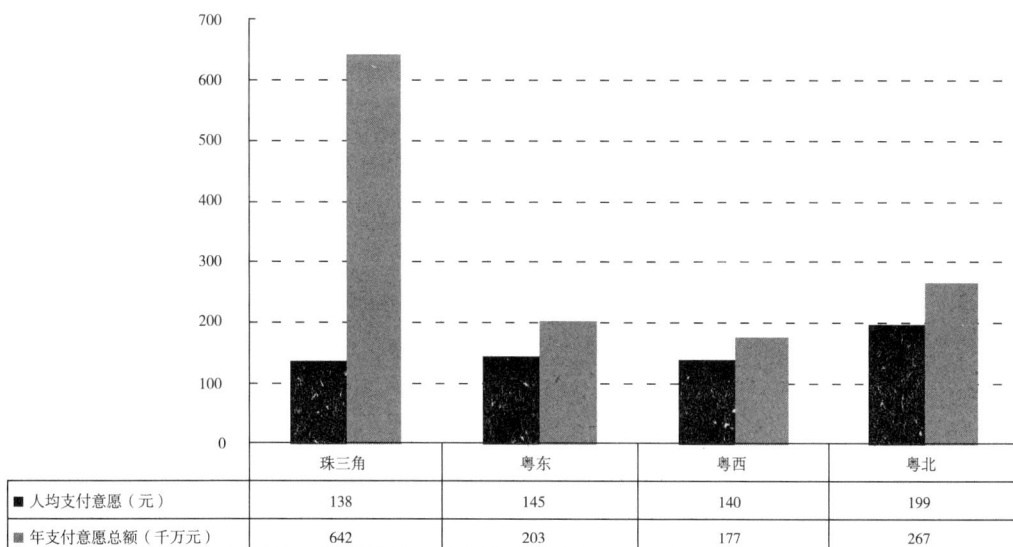

	珠三角	粤东	粤西	粤北
■ 人均支付意愿（元）	138	145	140	199
■ 年支付意愿总额（千万元）	642	203	177	267

图 2-6　珠三角、粤东、粤西、粤北四地区居民年人均支付意愿与年支付总额

资料来源：笔者根据专业网络调查公司随机抽样数据整理研究计算绘制。

（二）影响支付意愿的主要因素

年龄、职业、收入水平等社会经济特征对居民支付意愿具有显著的影响。居民对生态发展区的了解程度、关注程度、认识程度以及对生态发展区当地政府和居民为保护生态系统作出贡献的认同感等对居民支付意愿也有着显著的影响。

（三）支付形式及对政府政策的态度

问卷调查数据统计分析的结论表明，绝大多数的广东省内居民对省政府和中央政府加大生态发展区生态补偿力度的政策持支持态度。同意主要以委托专用、税费、彩票等形式来支付生态发展区所需的生态公共服务费用。

第四节　生态服务价值汇总

对本章各项计算结果进行汇总，得到广东生态发展区韶关、河源、梅州三市森林、河流与水库、耕地等主要生态系统的生态功能服务价值年总值及结构，如图 2-7 所示。广东生态发展区主要生态系统服务功能价值总额为 3447.79 亿元。其中森林生态系统服务功能价值为 2260 亿元，占三市生态系统服务功能总价值的 66%；河流与水库生态系统服务功能价值为 738 亿元，占三市生态系统服务功能总价值的 21%；耕地生态系统服务功能价值为 316 亿元，占三市生态系统服务功能总价值的 9%；非使用价值，即基于广东居民支付意愿的生态发展区的生态价值为 124 亿元，占三市生态系统服务功能总价值的 4%。

生态发展区三市常住居民年人均生态价值为 3447.79（亿元）÷1003.3（万人）= 34264.67 元/人。

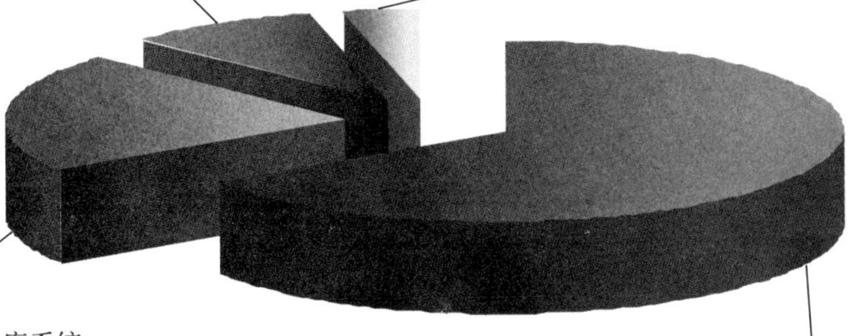

图 2-7　广东生态发展区生态系统服务功能价值总额及结构（元,%）

资料来源：笔者根据相关数据整理研究计算绘制。

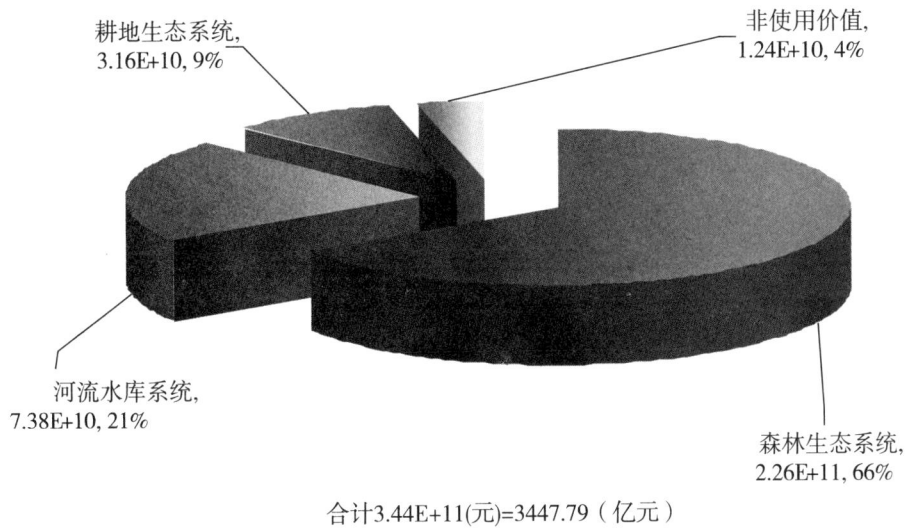

第三章　广东生态功能区生态补偿机制设计

上述各章结论说明，2010年广东生态发展区三市森林、河流、耕地等生态系统为广东全省提供的公共服务价值达到3447.79亿元。生态功能区居民与地方政府为此所承担的机会成本是208.2亿元，牺牲报酬率在15倍以上。由此可见，加快制定对生态发展区生态补偿的政策，加大实施对生态发展区生态补偿的力度，对于广东全省区域协调发展战略的实现具有十分重大的意义。因此，建立健全长效稳定的生态补偿机制就显得尤为重要。本章在以上研究成果的基础上，对生态补偿的主客体、补偿方式与途径、补偿标准、补偿资金的筹措、补偿机制及相关配套措施的建立进行探讨。遵循开发者保护、破坏者恢复、受益者补偿、保护和供给者受偿的公平性生态补偿基本原则来设计生态发展区生态补偿机制的框架，为突破制约生态发展区生态环境保护的瓶颈，缓解生态发展区地方财政资金的不足，从源头上建立起生态环境保护的长效机制寻找有效的解决方案。

第一节　生态补偿的基本理论与实践

一、理论依据

生态补偿有广义和狭义之分。“广义的生态补偿既包括对保护生态系统和自然资源所获得效益的奖励或破坏生态系统和自然资源所造成损失的补偿，也包括对环境污染者的收费。”① 狭义的生态补偿主要是指前者。学界普遍认为生态补偿的经济理论基础主要是生态服务功能的价值理论、资源环境外部性理论、生态资本理论和公共物品等理论。这些理论阐述了生态服务作为一个公共物品，所具备的特殊的外部性、稀缺性是具有经济、社会和生态价值的。从理论上来说，生态资源外部性、公共物品特性以及生态资源服务资本被忽视的问题都可以统一到对生态资源环境的生态补偿之中。

（一）外部性理论

外部性理论是生态补偿机制最根本的理论基础。英国经济学家庇古认为外部性是当一个人 A 在向另一个人 B 提供某种有偿服务时，附带地也向其他人提供服务或给他人造成损害，但却无法从受益方获得报酬，也无法对受害方给予补偿，也就是私人收益与社会收益、私人成本与社会成本不一致。根据外部性影响的结果，外部性可以分为外部经济和外部不经济。生态发展区生态资源的利用和开发也存在外部经济和外部不经济。如在水资源生态破坏中，面临的是水量减少、水质下降、水土流失等外部不经济问题；在水资源生态保护中，面临的是水量增加、水质改善、水土保持等外部经济问题。外部不经济效应导致破坏过度，外部经济效应导致保护不足。广东生态发展区三市生态资源环境服务的外部性问题同样表现在两个方面：一是正外部性。例如农民植树造林、退耕还林，企业节污减排应用新的生态技术，甚至为保证水质限产或迁离水域涵养区。这些举措使水量增加，水质提高，水资源生态服务功能增强，从而保证用水的足额供给，使河流库区下游的居民能喝上安全优质的饮用水，让全社会受益，产生正的外部性。但是如果不对河流库区和汇水区域的农民和企业进行补偿，他们就没有积极性一定要这样做。二是负外部性。例如农民砍伐水源涵养林、侵占涵养湿地，企业大肆排污，甚至在河流库区或汇水区域内兴建高污染产业。这些措施造成水源区产水量减少，水质恶化等，对水资源生态环境和下游居民的生产生活造成很坏的影响，产生负的外部性。停止伐木、退耕还

① 中国环境与发展国际合作委员会生态补偿机制与政策研究课题组：《中国生态补偿机制与政策研究》，科学出版社 2007 年版，第 60—62 页。

林、节污减排将会减少居民和企业的收入，在没有一定激励和补偿机制的条件下，居民和企业不会这样做。因此政府必须干预，制定激励政策和补偿机制，使他们调整自己的行为，实现生态发展区资源环境保护外部经济效应内部化。

（二）公共产品理论

公共经济学理论认为，社会产品分为公共产品和私人产品两大类。公共产品是指每个人消费这种产品不会导致别人对该产品消费的减少。与私人产品相比，公共产品具有效用的不可分割性、消费的非竞争性和受益的非排他性等特征。这三个特征容易产生公共产品的“公地的悲剧”现象和“搭便车”行为。以生态发展区生态资源环境为例，由于公共产品在消费中的非竞争性，每个市场主体都会无节制地开发、利用环境资源。从短期来看，每个市场主体都可以不断地从其开发、利用环境资源或排污行为中获得全部正效益，而由此产生的负效益则分摊给其他人和后代人；从长远来看，各个市场主体的共同行为必然导致环境资源的枯竭、水资源的破坏甚至毁灭，从而导致“公地的悲剧”的发生。此外，由于对河流、水库、森林生态资源消费的非排他性，往往导致“搭便车”心理——致使优质水源和良好森林环境出现供给不足。因为河流上游和库区当地政府与居民提高饮用水源的产水量和水质，从而使所有享用饮用水的人受益，任何人都不能阻止其他人从中获益，而库区当地政府和居民却不能从中获得收益，从而失去继续供给的动力。政府管制和政府买单是有效解决公共产品问题的机制之一，但不是唯一的机制。如果通过制度创新让受益者付费，那么，生态保护者同样能够像生产私人物品一样得到有效激励。因此，完善的生态补偿机制应该从政府和市场综合补偿的视角来思考。

（三）资源生态服务功能价值与生态资本理论

1. 资源生态服务功能价值

生态系统提供的商品和服务代表着人类直接和间接从生态系统得到的利

益。科斯坦萨（Costanza R.）① 等将生态系统提供的商品和服务统称为生态系统服务，认为生态系统服务是对人类生存和生活质量有贡献的生态系统产品和生态系统功能。因此，生态系统服务可分为两大方面：即生态系统提供的人类生活必需的生态产品和保证人类生活质量的生态功能。生态系统服务包括农业、渔业、林业、水供给等商品和淡水控制、水土保持、生物多样性维持等服务，它们与人造资本和人力资本结合在一起，产生人类的福利，从而也构成了资源生态补偿的基础和依据。生态发展区的森林生态系统、河流水库生态系统以及耕地生态系统等，提供了巨大的水源涵养、释放新鲜氧气、固化二氧化碳、水调节、生物多样性保护、废物净化、内陆航运、文化、休闲娱乐等多种生态环境服务。这些服务或功能是人类赖以生存和发展的重要的物质基础和保障。

2. 水资源生态资本理论

生态系统在经济发展过程中的日益重要，使得生态要素已经成为一种资源、一种基本的生产要素。在生态过程中，它表现为生态资本，进入生产函数，与其他生产要素一起创造财富。在具体的生产过程中，不管是土地、矿藏，还是森林、水体，作为资源，它们现在都可以通过级差地租或者影子价格来反映其经济价值，从而实现生态资源资本化。

评估生态系统的生态服务价值和生态资产价值，对生态资源环境价值的补偿就是为了恢复、维护或增进资源环境要素参与价值创造的能力与潜力，通过对资源环境要素进行价值补偿，赋予资源生态环境以相对独立的生产要素地位，实施参与价值分配的一种社会经济活动。也就是将资源要素所创造的价值的一部分或全部返还给资源环境生态系统。

资源环境作为生产要素，在社会生产过程中就必须对其进行优化配置和充分利用。优化配置的一个必要条件就是开发利用资源的价格必须等于其边际机会成本［边际生产成本（直接成本）+边际耗竭成本（使用成本）+边际外部成本（环境成本）］。如果价格低于边际机会成本，将导致资源的过度使用，

① Costanza R., Adrge R., Degroot R., et al., "The value ofthe world's ecosystem services and natural capital", *Nature*, 1997b, 387 (6330), pp. 253-260.

而使生态自然环境失去持续发展能力。相反，如果价格高于边际机会成本，将抑制对生态自然环境中资源的消耗需求，从而使生态自然环境的持续发展能力得到维持和恢复。现行的资源价格一般都远远低于边际机会成本，有的甚至低于边际生产成本，资源消费者并没有承担边际耗竭成本和外部成本这两部分费用。制定生态补偿政策，实质上就是将这两部分费用分摊到资源利用和消费者身上，使资源的价格等于或接近其边际机会成本。

建立健全资源生态补偿机制和制定具体的补偿政策，还必须结合社会经济发展的实际情况，对已经形成的利益分配格局，分步推进，稳步实施。“卡多尔—希克斯改进”① 原则为此提供了指导。如果一种变革使受益者所得足以补偿受损者的所失，这种变革就叫“卡尔多—希克斯改进”。根据“卡尔多—希克斯”意义上的资源配置标准，通过受益人对受损者的补偿，可以达到双方均满意的结果。那么，这种资源配置就是有效率的。生态补偿机制在性质上就属于“卡尔多—希克斯改进”。这为制定具体的资源生态补偿政策提供了理论指导。

二、实践基础

目前，针对某些区域（主要是西部）、某些行业和某些部门，我国已经产生或正在实施着一些生态补偿办法和生态补偿政策。例如退耕还林政策、“三北”工程、沙漠治理等。但是尚未形成比较系统具有普遍性的实际指导性政策，也还没有上升到生态补偿的法律层面。在行政省区域内，目前有 8 个省份出台了流域生态补偿相关规定，但效应不大，实践进展也较缓慢。比较典型的有安徽、浙江两省跨界的黄山与千岛湖水资源保护的协议等。广东省 2012 年针对国家级的重点生态保护县出台了一个生态补偿办法，补偿力度较大，效应尚待实践检验。为了能在国内生态补偿实践的基础上，建立起可操作性和富有成效的广东生态补偿机制，在此笔者对已有的生态补偿实践做些梳理。

---

① 如果一种变革使受益者所得足以补偿受损者的所失，这种变革就叫“卡尔多—希克斯改进”。

（一）财政转移支付与补贴政策

1. 财政转移支付

财政转移支付作为生态补偿的重要手段之一，近年来国家已逐步将生态环境因素纳入到转移支付制度设计中。2005 年 12 月颁布的《国务院关于落实科学发展观加强环境保护的决定》[①] 中提出，要“完善生态补偿政策，尽快建立生态补偿机制。中央和地方财政转移支付应考虑生态补偿因素”。2008 年新修订的《水污染防治法》第七条也对生态补偿做了明确规定：国家通过财政转移支付等方式，建立健全对位于饮用水水源保护区区域和江河、湖泊、水库上游地区的水环境生态保护补偿机制。特别是自 2008 年起，中央财政率先在均衡性转移支付项下设立国家重点生态发展区转移支付，将天然林保护、青海三江源和南水北调等重大生态发展区所辖 230 个县纳入转移支付范围[②]。同时，地方政府也出台相关政策，推动生态补偿的财政支持。如 2008 年浙江省根据《浙江省人民政府关于进一步完善生态补偿机制的若干意见》[③] 的要求，具体制定了《浙江省生态环保财力转移支付试行办法》[④]，全面实施省对主要水系源头所在市、县（市）的生态环保财力转移支付。

广东省在探索流域协调机制方面也积累了较好的实践经验。从 20 世纪 90 年代初的“潭江模式”[⑤] 到 1999 年建立全国第一个省级森林生态补偿基金（FECF）[⑥]，在水源保护和森林生态系统保护方面取得了较好的效果。此外，

---

① 《国务院关于落实科学发展观加强环境保护的决定》，国发［2005］39 号。

② 刘军民：《财政转移支付生态补偿的基本方法与比较》，《环境经济》2011 年第 10 期。

③ 浙江省人民政府：《浙江省人民政府关于进一步完善生态补偿机制的若干意见》，浙政发［2005］44 号，2005 年 8 月 26 日。

④ 浙江省人民政府办公厅：《浙江省生态环保财力转移支付试行办法》，浙政办发［2008］12 号，2008 年 2 月 28 日。

⑤ 1990 年 8 月，江门市召开第四次环境保护会议，恩平、开平、台山、新会四县领导与江门市政府联合签署第一轮《潭江水资源保护责任书》。责任书确定的最重要原则是四县联合保护。在执行方面，江门市环保局牵头制定各河段水资源保护目标及交接断面水质指标，负责制订检查计划并组织各县政府、环保局共同核查，奖先进，批后进，并限期改正。在资金方面，方案提出各县每年地方财政收入要取出千分之二，建立专项保护资金，自行管理使用与核算。

⑥ 广东省人民政府：《广东省生态公益林建设管理和效益补偿办法》，广东省人民政府令第 48 号，1998 年 11 月 17 日。

2004年广东省实施的促进县域经济发展的激励型财政机制，取得显著成效。2003—2010年，全省县均一般预算收入从1.3亿元增加到4.3亿元；一般预算收入超亿元县从30个增加到65个。这从另一方面增强了县本级财政保护生态环境的能力。

2012年4月广东正式公布了《广东生态保护补偿办法》，对在广东主体功能规划中被列入生态发展区，同时又是国家或省级重点生态区且地处广东经济欠发达地区的县实施生态补偿，每年从省级财政安排预算，实施生态保护补偿转移支付。2012年已经对南岭山地森林和生物多样性国家级重点生态保护区的11县平均转移支付4000万元。

2. 生态公益林补偿

生态公益林补偿制度是生态公益林保护和发展的保障。1999年广东建立了全国第一个省级森林生态补偿基金（FECF），公益林效益补偿标准为每亩每年2.5元，2000至2002年为每亩每年4元，2007年提高到每亩每年8元。2008年以来，广东生态公益林效益补偿标准每亩每年递增2元。到2012年，补偿标准提高到每亩每年18元，是目前全国各省补贴最高的省份。省财政提高生态公益林补偿标准亦带动了地方财政的投入，如广州市统筹使用省、市、区财政资金，2010年的补偿标准每亩达41元；深圳市按省、市、区1∶1∶1的比例配套补偿；佛山市按省、市、区4∶2∶4的比例配套补偿；东莞市除按省、市1∶1的比例配套补偿外，还从2008年起对农村集体非经济林给予每亩每年100元的补贴。目前，广东已经初步形成了以水源涵养林、水土保持林、沿海防护林、农田防护林、自然保护区、森林公园和城市林业为主体的生态公益林骨干体系。

3. 环境整治、保护与生态建设专项资金

为了切实加强环境整治、保护与生态建设专项资金的管理，确保资金安全有效运行，提高资金使用效益，各地方根据国家财政支农资金使用、管理的有关规定，结合地方建设实际，相继出台环境整治、保护与生态建设专项资金的管理办法。广东省从1998年开始稳步增加政府用于环境保护项目的资金，同时扩展生态补偿的政策范围并增加项目。流域和森林保护的省级环保专项资金逐步增加，从最初1998年的0.2亿元增加到2010年的97.78亿元。

从2008年起三年内，广东省财政安排25亿元专项资金，用于支持上游集水区粤北山区和东西两翼地区城镇污水处理设施建设。江苏省2007年1月起施行的《绿色江苏生态建设省级专项资金使用管理办法》①，按照“突出重点、平等扶持、先建后补”的原则管理和运作专项资金的使用。福建省2007年实施的《福建省闽江、九龙江流域水环境保护专项资金管理办法》②，对资金使用的原则、来源、项目申报和资金安排、资金拨付、监督管理等方面作出专门规定。

（二）资源与环境容量有偿使用政策

1. 矿产资源有偿采用和复垦制度

《中华人民共和国矿产资源法》第五条规定，国家实行探矿权、采矿权有偿取得的制度；开采矿产资源，必须按照国家有关规定缴纳资源税和资源补偿费。第三十二条规定，开采矿产资源，必须遵守有关环境保护的法律规定，防止污染环境。开采矿产资源，应当节约用地。耕地、草原、林地因采矿受到破坏的，矿山企业应当因地制宜地采取复垦利用、植树种草或者其他利用措施。开采矿产资源给他人生产、生活造成损失的，应当负责赔偿，并采取必要的补救措施。

《中华人民共和国矿产资源法实施细则》第二十一条规定，探矿权人取得临时使用土地权后，在勘查过程中给他人造成财产损害的，按照五种标准规定给予补偿。第二十二条规定，探矿权人在没有农作物和其他附着物的荒岭、荒坡、荒地、荒漠、沙滩、河滩、湖滩、海滩上进行勘查的，不予补偿；但是，勘查作业不得阻碍或者损害航运、灌溉、防洪等活动或者设施，勘查作业结束后应当采取措施，防止水土流失，保护生态环境。

《土地复垦规定》自1989年1月1日起施行，是《土地管理法》实施的配套法规。共26条，对土地复垦的含义、适用范围、“谁破坏，谁复垦”原则、

① 江苏省林业厅：《绿色江苏生态建设省级专项资金使用管理办法》，苏林计［2006］83号，2006年9月。

② 福建省财政厅：《福建省闽江、九龙江流域水环境保护专项资金管理办法》，闽财建［2007］41号，2007年4月27日。

管理体制、土地复垦规划、建设项目土地复垦要求、复垦标准以及复垦后土地的验收和交付使用等都作出了具体规定。《规定》适用于因从事开采矿产资源、烧制砖瓦、燃煤发电等生产建设活动，造成土地破坏的企业和个人。

2. 水资源有偿使用制度

水资源所有权与使用权相分离是取水权转换的法律基础。《中华人民共和国水法》第三条规定："水资源属于国家所有。水资源的所有权由国务院代表国家行使。"第四十八条规定："直接从江河、湖泊或者地下取用水资源的单位和个人，应当按照国家取水许可制度和水资源有偿使用制度的规定，向水行政主管部门或流域管理机构申领取水许可证，并缴纳水资源费，取得取水权。"这使水权在法律上有了明确的概念，即法律规定的水权是指水资源的所有权与使用权，所有权属于国家，使用权可以与所有权相分离。

2008 年广东省政府出台了《广东省东江流域水资源分配方案》①，这份方案被视为广东水权改革启动的标志，为广东实施水权交易提供了一个前提，即在水权分配确定后，各城市在需求的缺口和富余之间，才会产生相应的交易可能。此外，各地方如河北、山西、辽宁等十多个省也都相继出台了有关水资源有偿使用的制度。

3. 耕地资源保护政策

为实行最严格的耕地保护制度，2004 年年初，国务院下发了紧急通知，明确提出基本农田保护"五不准"②：（1）不准占用基本农田进行植树造林、功能林果业和搞林粮间作以及超标准建设农田林网；（2）不准以农业结构调整为名，在基本农田内挖塘养鱼、建设用于畜禽养殖的建筑物等严重破坏耕作层的生产经营活动；（3）不准违法占用基本农田进行绿色通道和城市绿化隔离带建设；（4）不准以退耕还林为名违反土地利用总体规划，将基本农田纳入退耕还林范围；（5）除法律规定的国家重点建设项目之外，不准非农建设项目占用基本农田。

---

① 广东省人民政府：《广东省东江流域水资源分配方案》，粤府办［2008］50 号，2008 年 8 月 18 日。

② 国务院：《关于坚决制止占用基本农田进行植树等行为的紧急通知》，国发明电［2004］1 号，2004 年 3 月 20 日。

《基本农田保护条例》[①] 第 15 条规定："基本农田保护区经依法划定后，任何单位和个人不得改变或者占用。国家能源、交通、水利、军事设施等重点建设项目选址确实无法避开基本农田保护区，需要占用基本农田，涉及农用地转用或者征用土地的，必须经国务院批准。"

从 2008 年起，广东珠江三角洲部分地区出台了一系列基本农田保护措施与办法。具体补偿金额列入表 3-1 中。

表 3-1 广东珠江三角洲地区部分城市耕地保护措施[②]

地区	耕地补偿规定	补偿标准
广州	2011 年《广州市基本农田保护补贴资金管理试行办法》，实行差异化补贴	500 元/亩 · 年、350 元/亩 · 年、200 元/亩 · 年
佛山	每年投入补贴资金 2.5 亿元	200 元/亩 · 年—500 元/亩 · 年
东莞	以村为单位实施补助。市财政每年投入 1.33 亿元	500 元/亩 · 年
惠州大亚湾	2010 年 8 月 30 日正式实施《惠州大亚湾经济技术开发区基本农田经济补贴办法》	600 元/亩 · 年

资料来源：笔者根据相关地方政府网站发布数据整理研究计算制表。

表中数据显示，珠江三角洲地区在耕地保护方面的力度较大。

4. 环境容量排污收费制度

2003 年 7 月 1 日，我国开始实施《排污费征收使用管理条例》[③] 及其配套办法，取代了国务院《排污费征收暂行办法》，它是以总量控制为原则，以环境标准为法律界限，构筑的新的排污收费框架体系。这一体系对我国原有的排污收费制度体系、标准体系、排污费征收体制、资金使用、监督管理以及计算方法等都作了重大改革。主要表现为：由超标收费向排污即收费转变；由单因子收费向多因子收费转变；由单一浓度收费向浓度与总量相结合转变；由低收

---

① 国务院：《基本农田保护条例》，国务院令第 257 号，1998 年 12 月 27 日。

② 笔者根据地方政府网公告计算整理得到。

③ 国务院：《排污费征收使用管理条例》，国务院令第 369 号，2002 年 7 月 1 日。

费标准向高于治理成本的收费转变。这一体系为全国建立长效生态补偿机制奠定了法律基础。

财政转移支付和补贴政策、资源与环境容量有偿使用政策的实施，对广东生态资源、环境保护起到了较大的积极作用，也为探索和制定更为科学全面的生态补偿机制奠定了基础。但是，由于生态补偿在我国尚属于起步探索阶段，还只是就生态资源的极小部分的直接使用价值作出补偿，或只是在限制污染排放方面实行强制性的行政措施。如何从生态价值层面，从国土主体功能区规划的要求方面，从推动实现广东区域协调发展战略的高度来综合考虑生态补偿的系统内容，还有待深入的探索。

三、基本思路

（一）补偿原则

依据上述生态补偿的理论依据以及广东和其他地区实施生态补偿的实践，按照广东省国土主体功能区战略和省委省政府所确立的区域协调发展新战略的要求，广东生态补偿机制主要应以建立完善的生态主体功能区生态补偿机制为主。遵循“谁供给、谁受偿，谁受益、谁补偿，谁污染、谁治理，谁破坏、谁恢复”的基本原则，“统筹兼顾近中期与长期”，采用政府主导、市场推进的操作方法，从点到面、先易后难、稳步推进来实施生态补偿措施。参考生态发展区保护生态资源环境机会成本大小、生态发展区供给全省公共生态服务价值量大小、广东省内居民对生态发展区生态资源环境的支付意愿以及广东省政府财政能力等因素来确立补偿标准、补偿内容和补偿方式。广东省政府要在主体功能区生态补偿机制制定和完善的过程中，同时构建较为系统的生态补偿支持系统，包括制度系统、组织系统、政策系统和科研系统等。

（二）生态补偿的技术方案

依据以上原则和广东实际，得到广东生态补偿的技术方案，如图 3-1 所示。

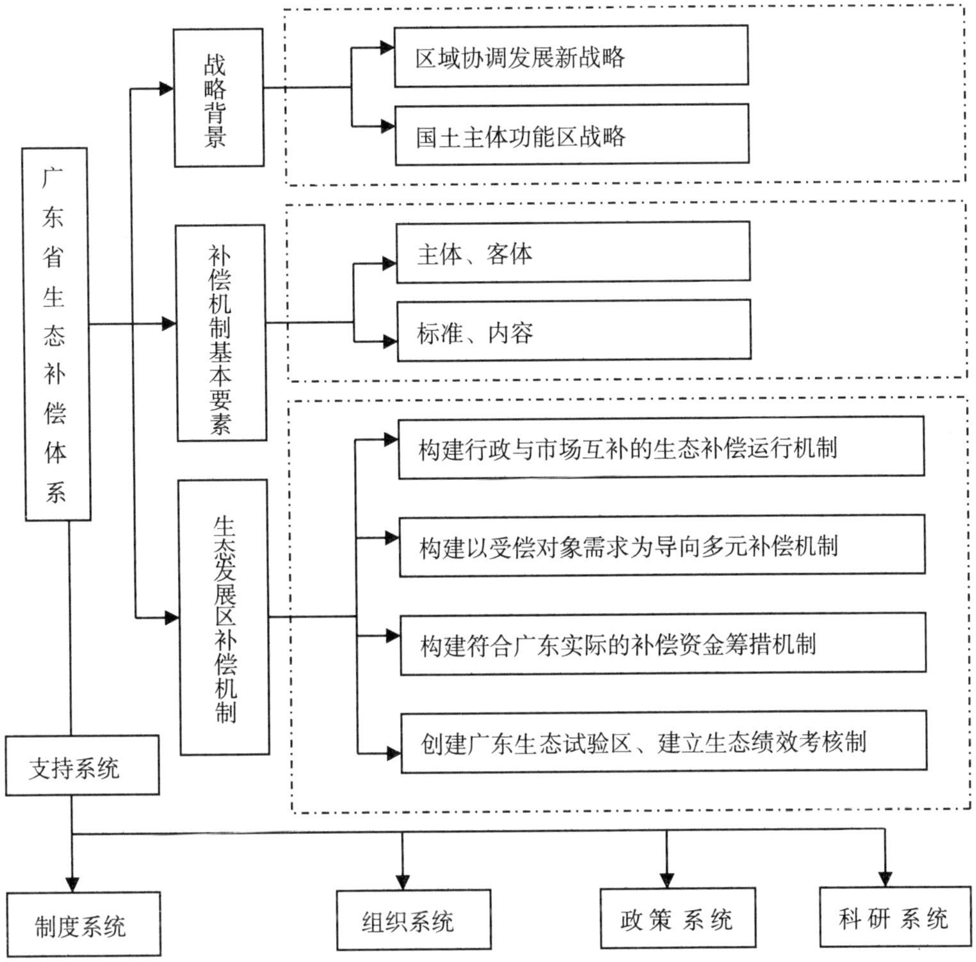

图 3-1　广东生态补偿技术方案

第二节　生态补偿机制的基本要素

建立科学有效的生态补偿机制，首先必须明确补偿主体、补偿客体、补偿标准、补偿内容等构建要素。

一、补偿主体与客体

明确补偿的主体与客体，就是解决"谁补偿谁"的问题。《广东省生态保护补偿办法》还只是一个短期的生态补偿措施，主要是通过省级财政的转移支付，来提高补偿范围内县域政府保护生态资源环境的积极性和增强其生态保护的能力。故其补偿主体是广东省政府，补偿客体有两类。一类是国家级重点生态功能区范围的县（市）；另一类是省级重点生态功能区范围的县（市）。《办法》中的主体与客体的范围较小，只能是一种较短时期的安排。按照广东区域协调发展新战略和主体功能区规划战略，参考生态发展区保护生态环境的机会成本、生态发展区生态系统的服务功能价值以及广东各生态效益受益地区的发展状况，可以确立广东生态补偿体系的补偿主体应包括中央政府、广东省政府和珠江三角洲各市的地方政府、受益企业和受益居民、排污企业。

同样，可以确立广东生态补偿体系中的补偿客体主要应包括主体功能区规划中的生态发展区和限制发展区的生态资源环境的保护者和建设者，即生态发展区和限制发展区的地方政府、城乡居民以及由于产业结构调整、转型升级发展绿色产业而受到损失的企业和农民。

二、生态补偿的主要内容

广东生态补偿应主要包括以下三方面内容：一是对生态发展区保护生态资源环境而牺牲的发展机会成本的补偿；二是未来为更好地实现区域主体功能而对将发生的重大保护生态系统和环境投入项目的补偿；三是对生态发展区所供给的生态系统服务功能价值的补偿。其中，生态发展区的发展机会成本与生态系统服务功能价值量的多少，本书已经在第二章中做了较全面的测算，这是确立广东生态补偿标准的基本依据。

三、生态补偿的标准

生态补偿标准作为生态补偿的核心问题与难点，直接关系到生态补偿研究与实践的科学性、可行性和实施效果。概括起来，目前实践中有关生态补偿标准的计算方法，主要包括生态系统服务功能价值法、生态保护总成本法、资源价值法、最大支付意愿价值评估法等，每种计算方法均有其优点，但也存在着不足，各种标准的计算方法见表 3-2。

表 3-2　实践中生态补偿标准的主要计算方法比较

方法名称	优点	缺点	实用程度评价
生态系统服务功能价值法	能够体现人类从生态系统获得各种服务，并对服务赋予经济价值。具有战略意义	需要大量数据进行复杂分析，价值量大，往往超出补偿者目前财政承受能力，因而政策认同度低	低
生态保护总成本法	充分考虑了生态发展区用于生态保护所支付的费用及因生态保护而承担的发展机会成本，计算公式较简单	机会成本核算目前还有些争议	高
资源价值法	直接将资源货币化，只需考虑资源质量和数量，计算方法简单易行	缺乏综合系统研究，方法有待改进和完善	较高
最大支付意愿价值评估法（CVM）	充分考虑了生态受益方的支付意愿和支付能力，避免了数据大量收集和计算	受人为因素影响，可能出现与实际支付意愿的差距	高

从前文的结论看，广东生态发展区三市的森林生态、河流生态和耕地生态系统每年能产生 3447.79 亿元的服务功能价值，当地政府和居民保护生态环境的机会成本付出大约为年均 209 亿元。从经济的角度看，这意味着生态发展区三市以年均 209 亿元的投入代价，为广东全省换取了 3447.79 亿元的收益，年投资回报率在 15 倍以上。所以在制定生态补偿标准时，应该从生态保护发展战略价值的视角来审视；从近中期利益和长期发展利益统筹的视角来考量；从生态资源环境保护方和受益方的综合条件来确定。第一，从全局、从国家生态安全等角度考虑，生态发展区三市生物多样性不仅是广东的一笔永久性财富，还是全国甚至全球的珍贵稀缺财富。新丰江库区 139 亿立方米的一湖清水在目前饮用水资源稀缺、河流水质下降的状况下，其价值更是巨大。加大对其保护的力度，提高对其补偿的金额不仅具有重大的发展战略意义，关系到 6000 多万人的饮用水安全与社会的和谐稳定，同时还具有巨大的经济效益和生态效

益。所以从全局的角度看，将生态发展区生态系统服务功能价值作为补偿标准具有较强的发展战略意义和长期系统全面的科学性。第二，从生态发展区三市生态保护方的角度考虑，生态保护方为生态保护承担着直接成本和间接成本，由此产生的合理收益及要求成本回收是实现生态发展区可持续性发展的前提，所以将生态发展区生态保护总成本作为生态补偿标准就是一种必然要求，尤其是近中期应该考虑的首选标准。第三，站在生态资源受益方立场上，生态补偿标准应充分考虑受益方的支付能力，生态公共服务受益地区的社会经济发展实际，通过最大支付意愿价值评估法可以获得受益方对生态补偿的认知度和最大支付意愿，为生态补偿标准的确定提供参考。结合本书后续章节有关生态发展区产业发展研究的结论，本研究认为，生态发展区生态补偿的标准宜采用动态的综合标准。在短期，以产业绿色转型损失的利税作为生态补偿的计算标准；在中期，以机会成本法和支付意愿调查法作为生态补偿标准的计算方法；在长期，则以生态系统服务功能价值法和支付意愿调查法作为生态补偿标准的计算方法。据此，可以设定广东省对生态发展区“四步走”的生态补偿标准，参见表 3-3。

表 3-3　广东生态发展区生态补偿“四步走”标准

序号	补偿阶段	补偿标准
1	第一步：产业绿色转型补偿，补偿时间为 2013—2015 年。以补偿生态发展区在绿色转型发展中选择绿色产业而损失的利税额为主。	每年由广东省财政安排财政转移支付、专项补贴和基金专项经费共计 30 亿元，平均每市 10 亿元，以补偿绿色产业选择调整所损失的原利税总额的 11%。
2	第二步：近期生态补偿，补偿时间为 2016—2020 年。以补偿生态发展区保护建设生态资源环境成本和发展机会成本为主。	每年由中央财政和广东省财政安排财政转移支付、专项补贴和基金专项经费共计 200 亿元。

续表

序号	补偿阶段	补偿标准
3	第三步：中期生态补偿，补偿时间为 2021—2030 年。在第一步补偿标准的基础上，增加补偿生态发展区生态系统服务功能的非使用价值即增加基于广东省内居民的支付意愿所达成的补偿金额。	①每年由中央财政、广东省财政通过新的生态补偿税费征收、生态彩票发行收益转移划拨至生态发展区当地政府，补偿金额合计 340 亿元。 ②通过市场化，向珠三角和港澳地区提供直饮水获得生态补偿资金。补偿金额 500 亿元。以上两项合计每年补偿 840 亿元。
4	第四步：长期生态补偿，补偿时间为 2031 年以后。以补偿生态发展区生态系统服务功能的使用价值为主即逐步实现生态系统服务外部经济利益的全额回收。	在国家生态补偿立法的基础上，通过建立健全完善的广东生态补偿机制，实现对生态发展区生态系统服务功能使用价值的全额补偿。每年补偿约 3000 亿元。

第三节　生态发展区补偿机制的构建

对生态发展区补偿不能是救济，也不能是救急。必须建立长效的补偿机制，并辅以生态发展区的管理保障措施。以生态补偿资源配置的方式为标准进行分类，有通过行政手段来配置生态补偿资源的行政机制和通过市场来配置生态补偿资源的市场机制。以被补偿者的需求导向进行分类，可将生态补偿方式分为资金补偿方式、实物补偿方式、政策补偿方式及智力补偿方式。除此之外，还可根据不同标准建立起多种补偿制度。但是从构建生态主体功能的生态补偿制度目的出发，通过建立上述两种机制进行生态补偿对于广东生态发展区更具有意义。首先，生态发展区生态系统服务功能的受益面广，很多受益企业大多都是省属企业或国家投资企业，因而省政府或国家可以从宏观调控视角来确定选择具有强制性的行政补偿方式，或者可由较为自由的市场补偿方式实现补偿；其次，从被补偿者获得补偿的性质来考察补偿方式，可以从被补偿者利益需求出发，因地制宜选择补偿方式。

一、建立行政与市场互补的生态补偿运行机制

（一）建立有效的行政补偿方式制度

行政补偿制度是以国家或广东省政府为补偿主体，以生态发展区地方政府和居民为补偿对象，以全省区域生态安全、民生改善、社会稳定、区域协调发展等为目标，以转移支付、财政补贴、政策倾斜和人才技术投入等为手段的补偿制度。具体内容包括财政转移支付、生态基金及政策倾斜。对生态发展区居民发展机会成本的补偿、对生态保护紧急项目工程的投入补偿以及按最大支付意愿所确定的补偿等都宜采用财政转移支付的补偿方式，这样能迅速有效地解决生态补偿资金的来源问题，也能有效平衡各地区之间的生态利益与经济利益。在财政转移支付中，从上至下的纵向转移是省财政对地方的补偿，这种补偿制度较适合于像生态发展区三市这样生态利益享受者广泛、不易确定责任主体并且生态问题重要、需立即解决的情形。

基金是指为某种特定目的而设置的专款专用的资产。专项基金制度具有以下优点：在资金来源渠道与资金数量上具有稳定性和可操作性；实行专款专用，有有效的监管制度，保证了基金目的的实现；以少聚多，资金数量具有一定规模，使项目运作有较为充裕的资金支持。基于专项基金制度的以上优点和生态发展区所具有的独特生态资源，如韶关、河源生物多样和动植物基因库，又如新丰江水库139亿立方米的优质饮用水源等，都必须进行专项重点保护。因此，国家和广东省政府应建立针对生态发展区这些独特生态资源保护的专项基金。

政策倾斜是指政府根据区域生态保护的需要，实施差异性的区域政策，鼓励生态保护地区的经济社会发展，对生态保护地区因生态保护受到的损失进行政策性的弥补。常见的补偿方式有：增加对当地的财政转移支付力度；实施税收减免优惠的税收政策；优先安排重要生态功能区的基础设施和生态环境保护项目投资；鼓励清洁项目和绿色产业发展；实施生态优先的政绩考核政策等。生态发展区三市2010年上划中央财政和广东省财政收入200多亿元，如果能实施重点生态资源的保护倾斜政策，上划上级财政收入全部返还生态发展区地

方财政，既可以启动对生态发展区生态补偿的第一步，又将极大地推进对生态发展区的重大生态保护项目和生态修复项目建设工程。

（二）建立有效的市场补偿方式制度

行政补偿制度有其特有的优点，但也存在着一定的问题，如成本过高、效率较低、信息收集成本昂贵、信息时滞较长等。而市场补偿通过价格机制来配置资源能够有效地克服行政补偿的缺陷。所以健全的生态补偿机制一定是行政补偿与市场补偿有机结合、相互协调、互为补充的综合补偿机制。长期以来，广州、东莞、惠州、深圳、香港等地的饮用水源都是取自北江和东江，由于企业排放污染、居民生活污染和咸潮侵蚀等，致使这些地区居民的饮用水和生活用水得不到保障。而发源于韶关和河源的新丰江水库水质常年保持在地表水Ⅰ类水的标准，库容 139 亿立方米。上述地区常住人口近 6000 万，如果每人每天消耗 20 升，则一年消耗 4. 38 亿立方米，仅占新丰江库容的 3. 15%。目前市场纯净水价格为 500 元/m^3—750 元/m^3，如果按其价格底线的一半定价，即 250 元/m^3，那么生态发展区可以通过市场给上述地区提供新丰江水库优质直饮水，这样一来每年就可以得到水资源生态补偿 1095 亿元。仅此一项即可使广东省对生态发展区的生态补偿跨入第二步。此外还可以引入清洁发展机制（CDM），充分发挥生态发展区在广东和全国独特丰富的森林资源，建立森林碳汇市场，实现生态资源的产业化。实现生态发展区经济与生态资源环境的良性互动和协调发展。

二、建立以受偿对象需求为导向的多元补偿机制

广东生态发展区三市由于经济基础较差，从而导致社会发展和基础设施建设也与发达地区产生了较大的差距。所以生态发展区居民的受偿需求具有较大的多元性。受偿需求不仅有收入的提高，还有基本公共服务方面的需求和愿望。所以从生态补偿的目的出发，必须建立起以受偿对象需求为导向的多元补偿机制。具体主要包括资金补偿、实物补偿、政策补偿、技术与智力补偿、产业补偿等制度。

（一）资金补偿

资金补偿是指补偿责任主体通过向补偿客体支付货币的形式，补偿后者因保护生态环境而受到的损失。资金补偿方式是最常见、最迫切、最急需的补偿方式。资金补偿普遍适用于所有类型的生态补偿，相对于其他类型的补偿方式，资金补偿最直接，操作起来也比较方便。资金补偿过程包含多项费用补偿。例如，水资源费、效益补偿费以及损失补偿费等。通过这些费用补偿的形式，来实现利用效益的公平性与科学性。例如，可以适当提高水资源费征收标准，按比例把部分资金划入水源区生态补偿基金。

（二）实物补偿

实物补偿是指补偿主体通过向补偿客体拨付实物的方式进行补偿。主要是补偿者提供部分的生产要素和生活要素，改善受补偿者的生活状况，增强其生产生活能力。如前所述，生态发展区农村居民纯收入还很低。尤其是目前还生活在石灰岩地区的农村居民，生产、生活都十分艰难，子女就学条件相对较差，日常出行困难等。对此，广东省政府作为生态发展区的主要补偿主体，应就《国家基本公共服务体系“十二五”规划》实施之际，通过物质补偿等方式在生态发展区先行先试，在较短的时期内缩小生态发展区居民与比照地区居民的差距，在教育、医疗卫生、文化体育、交通设施、生活保障、住房保障等方面实现基本公共服务的均等化。

（三）政策补偿

政策补偿是指上级政府对下级政府的权力和机会补偿。包括两类：一是下级政府在授权的权限内，利用制定政策的优先权和优惠待遇，制定一系列创新性的政策，以利于本地区经济社会发展、人民生活水平的提高；二是上级政府直接给予的优惠政策，使受补偿地区经济社会的发展与其他地区保持实质上的公平。广东生态发展区生态资源环境的受补偿者范围广、人数多，补偿时期长，经济权利、发展权利等均受到很大限制，在资金补偿和物质补偿难度较大、补偿效果欠佳的方面就宜采用政策补偿方式，以受补偿者所在当地政府为代表，实现生态发展区及其居民的发展权利与其他地区平等。广东省政府可以从体制上、政策上加大下山脱贫、生态脱贫的政策扶持力度，上级财政逐年增加下山脱贫资金投入，所需用地予以重点保证。

（四）技术与智力补偿

补偿主体为生态发展区开展智力服务，提供无偿技术咨询和指导，培养生态区的技术人才和管理人才，输送各类人才，提高生态发展区居民的生产技能、技术含量和市场营运水平。从长远发展的角度来说，在完善前述的资金、物质等“输血型”补偿的同时，中央政府和广东省政府可以探索并建立适合生态发展区的“造血型”补偿，它可以使受补偿者充分发挥其发展经济的潜能、积极性和主观能动性，形成造血机能与自我发展机制，使外部补偿转化为自我积累和自我发展的能力，实现经济、社会、资源环境的协调发展。对生态发展区进行技术与智力补偿正是为今后建立“造血型”补偿机制打下基础。

（五）产业补偿

实现对生态发展区生态系统服务功能价值的全额补偿数额巨大，仅依靠中央与广东省政府财政是难以实现的。根本的出路在于发展生态发展区的绿色产业。通过投资或转型，使绿色产业既不断地获取经济效益，又不断地获取生态效益，从而实现生态发展区在发展中保护和在保护中发展的目标，同时也能实现对生态发展区生态系统服务功能价值的全额补偿。所以，对生态发展区进行绿色产业投资或帮助生态发展区调整产业结构，实现转型升级是对生态发展区根本性的帮助或根本性的补偿。

三、建立符合广东实际的生态补偿资金筹措机制

生态发展区生态系统服务产品外部性和公共产品性提示对生态发展区进行生态补偿是中央政府和广东省政府的事权，所以生态补偿资金的筹措也应以中央财政和广东省财政为主。在广东省内居民对生态发展区生态补偿的问卷调查中显示：有 94.7%的居民支持中央政府和广东省政府实施对生态发展区的生态补偿政策；有 26.14%的居民希望通过以税费的形式上交给国家来统一支付对

生态发展区的生态补偿；有32.28%的居民希望支付到生态发展区的保护基金组织并委托专用；还有24.12%的居民希望以购买环境保护彩票的方式支付其对生态发展区生态保护的费用。综合考虑上述因素，可以通过以下措施来筹措生态发展区的生态补偿资金。

第一，设立生态发展区生态补偿专项基金。广东省可从大中型水利水电工程建设基金中设立生态发展区生态补偿专项基金，专门用以生态发展区的环境污染治理和生态系统恢复以及生态发展区居民发展机会成本补偿，并建立专项基金的申请、使用、监管、效益评估与考核制度，提高生态补偿专项基金的使用效益。

第二，广东省政府投入并争取中央财政支持。广东省财政采用财政转移支付方式对生态发展区生态环境进行补偿。同时，积极争取中央财政转移支付份额，如国债项目、排污费资金支持等。从而顺利开展生态发展区生态环境建设和保护工作。

第三，在广东省范围内征收饮用水资源生态费。广东省政府适时征收生态费，建立北江、东江饮用水源地生态补偿基金，作为生态发展区生态补偿资金的一个重要和稳定的来源。

第四，适时开征水资源生态税。其中一部分用于北江、东江饮用水源地和生态保护区的生态补偿资金。

第五，从生态发展区的省属发电站的电费收入中征收库区生态资源费。大中型水库巨大发电效益是以生态发展区所付出的生态环境和库区居民发展机会成本为代价的，应在输出的能源价格中体现绿色能源效益，建议在近期补偿中征收发电利润30%的生态资源补偿费，用于生态发展区居民发展权损失补偿和库区生态环境建设和保护。

第六，实施社会化补偿。建立生态发展区生态补偿捐助机构，接受来自社会的各种捐赠，发行生态发展区生态补偿彩票等，从多方位进行资金筹措。

第七，尽快实施新丰江饮用水源对珠三角和港澳地区的直饮水项目。中央和广东省政府可以从专项建设经费中列支对新丰江直饮水工程进行项目补偿。如前所述，这不仅能从市场上筹措到近千亿元的补偿资金，而且这还是保护生态发展区生态资源环境最具有实质性意义的第二步补偿。

第八，争取国际社会资金。生态资源环境保护已经是一个全球性的问题，国际上已经有许多的生态保护组织和生态保护基金组织在为全球低碳、饮用水源保护地、碳汇森林生态系统提供资金。因此，开展生态发展区生态补偿，可以加强生态建设领域的国际合作，积极争取国际社会资金。

四、创建广东生态试验区、制定政府绩效考评制度

（一）积极争取国家支持，创建广东生态发展试验区

广东区域发展新战略是以区域主体功能为核心，通过实现主体功能与辅助功能综合效益最大化来实现区域的协调发展。其中的难点是建立健全实际可行的生态补偿机制。显然，这需要从体制和机制创新层面来给予制度保障。当年深圳经济特区对于东南沿海及全国经济发展的“窗口”带动作用具有极大的启示。广东应该再次积极争取国家支持，先行先试，创办“生态特区”或“生态发展试验区”，以生态发展区为切入点，探索出一条适合同类地区生态与经济协调发展的新路。

国家发改委于2011年11月在江西九江召开的生态补偿国际研讨会上指出，“将在继续推进现有生态补偿试点的基础上，再启动实施一批生态补偿试点示范。选择一批重点流域开展流域和水资源生态补偿试点。下一步要研究建立水源地及重要生态系统，尤其是重点生态功能区的服务功能监测和价值评估、生态破坏和环境损害的经济损失核算体系”①。广东生态发展区既处于珠江重点流域，境内又有全国的重点生态保护区——南岭山地森林和生物多样性生态保护区，所以应紧紧抓住这一历史机遇，积极争取国家支持，将广东生态发展区生态补偿纳入国家试点，将广东生态发展区的“生态与经济协调发展、良性互动”上升到国家发展战略的层面，对生态发展区实现特别的政策倾斜。

（二）以主体功能为目标，制定生态区政府绩效考评制度

根据生态发展区主体功能定位，制定富有激励作用的政府工作绩效考核制

---

① 国家发展和改革委员会西部开发司农林生态处：《生态补偿立法与湿地生态补偿国际研讨会在江西九江召开》，见 http：//xbkfs. ndrc. gov. cn/gzdt/201111/t20111130_ 448361. html。

度是建立健全生态发展区生态补偿机制的一项重要工作。2008 年以来，广东省政府已经实施了对地市级领导班子的科学发展观考核制度。考核制度中的评价指标体系包括经济发展、社会发展、人民生活、生态环境和群众幸福感五大领域层 12 个内涵层 35 个指标的评分方案①。该方案按照广东四大功能区的主体功能专门设立了分类指标，同时又通过对不同功能区领域层指标的不同赋权来分类评价不同的主体功能区政府工作绩效。此举开创了在一个省级行政区内对不同主体功能区实行分类考核的先河，将广东的科学发展向前推进了一大步。但是在绩效考核基本指标的设计、领域层指标权数的确定等方面有待商榷的问题尚多，需从以下方面进一步地加以完善。

1. 树立主体功能发展的战略思想

在指导思想上，要以全省利益最大化的思想为引导，树立主体功能发展的战略思想。政府绩效工作考核是实施发展战略的重要环节。主体功能区规划是在较为充分的科学论证后，结合广东各地的资源禀赋实际所制定的地区科学发展规划，带有很强的约束性，是各地区发展的指南。主体功能不同，发展战略就不同、发展布局、发展措施和发展路径都会不同。所以最好实行较为完全的分类考核，与四大主体功能相对应，分别按主体功能实行四套考核体系，而不是仅仅对某些个别的基本指标实行分类。

2. 基本指标设立要遵循完备性和独立性的原则

实现对事物的评价，科学成熟的方法都是通过设立一套指标体系来表征事物的主要特征，并以此区分不同事物的优劣。为此，要求选择的基本指标体系必须具备完备性和相互独立性。简单地说，就是第一要尽可能地通过基本指标体系来表征政府工作绩效的全部；第二就是各指标间不要重叠或相互表达。前者可以避免考核时出现遗漏的现象，后者可以避免考核时的计算误差所费成本过大的缺陷。如果不同的主体功能区应用区别不大的同一套考核指标体系，在理论上是很难同时满足上述两条原则的，因而也就难以得到科学的考核结论，达到考核的目的。所以应该在广东区域协调发展新战略和主体功能区规划的框

① 广东省委省政府：《广东省市厅级党政领导班子和领导干部落实科学发展观评价指标体系及考核评价办法（试行）》，见 http：//roll. sohu. com/20110415/。

架下，专门针对生态发展区设立科学的综合考核指标体系。

3. 科学确定各层次指标的权数

在考核指标体系中，权数的大小决定了相应指标的重要程度或主次地位程度。生态功能、经济功能显然在不同主体功能区的主次地位程度是有很大差异的。经济功能在优化发展区、重点发展区都是主体功能，但在生态功能区却只是辅助功能。现行绩效考核体系在对领域层指标赋权时，虽然已经考虑了这一因素，但是主观性较强，科学性欠佳，比如不同功能区在领域层次仅有 2 个百分点之差。科学的赋权方法是应通过实际计算不同功能价值对区域发展战略综合价值的贡献大小来正确的决定其权数。所以在各指标的权数赋值时，应该树立科学的生态、经济功能综合价值观，根据区域主体功能价值的比重来确定政府工作绩效考核体系的权数。例如在前面的各章计算分析中，已经测算出生态发展区三市的年经济功能价值为人均地区生产总值 17653 元，三市的年人均生态系统服务功能价值为 34264. 67 元，功能价值之比为 1 ∶ 1. 941，归一化处理后得到理论上经济功能与生态功能的权数比应该是 34 ∶ 66。实践中，可以分步推进，渐进趋近这一权数比例。

第四章　广东生态发展区产业发展研究

评估与测算生态发展区生态系统服务功能价值的意义不仅在于为构建长效可持续性的生态补偿机制奠定科学基础，而且还在于鲜明地表达生态功能区坚持绿色发展战略的价值所在。警示生态发展区在产业发展中必须保护和增值生态系统服务功能价值，实现经济系统与生态系统的良性互动和协调发展。因此，从产业自身发展层面来探讨其与资源耗费、环境污染间的相互关系，构建对资源耗费和环境污染不断递减的生态型绿色产业体系就具有非常重要的意义。

第一节　生态发展区经济发展与资源环境关系

经济发展对环境的影响主要体现为经济活动中各产业所产生的废水、废气、固体废弃物所引起的环境污染。一般说来，第一产业对环境的影响，主要是由不合理的垦殖和放牧而引发的植被破坏、水土流失、化肥农药污染等问题。第二产业的生产特点决定了其能源、物耗水平以及污染物的产生和排放水平都远远大于第一产业和第三产业，其对环境的影响主要体现在工业对环境的污染。第三产业对环境的影响相对于第一产业和第二产业是比较小的。但旅游业、集体运输业、餐饮业等行业若管理不当，也会产生废水、汽车尾气以及噪音污染等问题。研究与监测表明，生态发展区三市的生态资源存量与环境质量水平优于广东其他地区，产业发展所产生的废水、废气和固体废物的总量也相对较少。但是探索性计算分析表明，生态发展区单位产值污染和单位产值资源耗费却远远高于广东的其他地区和全省的平均水平。随着经济规模的扩大，资源耗费问题和对环境污染问题也越来越凸显，如果现在还不采取措施，从经济自身发展的层面来加以遏制，生态发展区的生态环境也必将重蹈粗放型工业发展方式的覆辙，生态资源环境遭受极大的破坏。

一、生态发展区经济发展的环境效应

本研究调研了生态发展区三市和广东省的经济发展与环境关系的历史资料。通过分析计算表明：目前生态发展区三市的生态资源存量与环境质量水平优于广东其他地区，经济发展中所产生的废水、废气和固体废物的总量也相对较少。如图 4-1 和图 4-2 中所示。

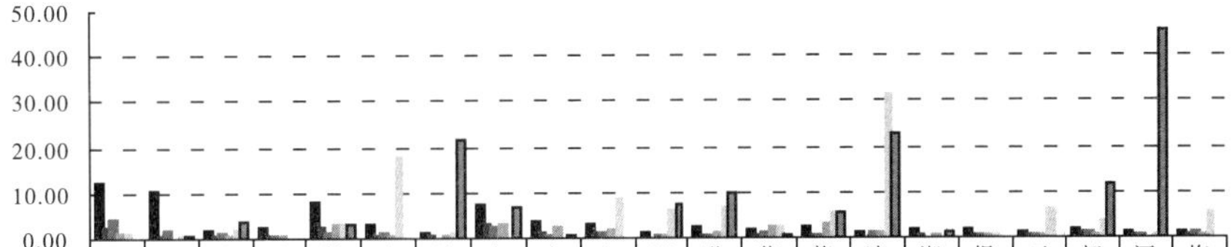

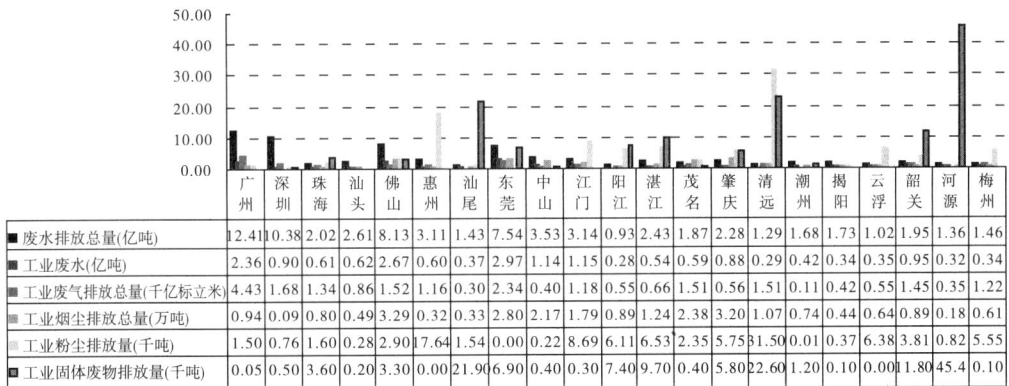

	广州	深圳	珠海	汕头	佛山	惠州	汕尾	东莞	中山	江门	阳江	湛江	茂名	肇庆	清远	潮州	揭阳	云浮	韶关	河源	梅州
废水排放总量(亿吨)	12.41	10.38	2.02	2.61	8.13	3.11	1.43	7.54	3.53	3.14	0.93	2.43	1.87	2.28	1.29	1.68	1.73	1.02	1.95	1.36	1.46
工业废水(亿吨)	2.36	0.90	0.61	0.62	2.67	0.60	0.37	2.97	1.14	1.15	0.28	0.54	0.59	0.88	0.29	0.42	0.34	0.35	0.95	0.32	0.34
工业废气排放总量(千亿标立米)	4.43	1.68	1.34	0.86	1.52	1.16	0.30	2.34	0.40	1.18	0.55	0.66	1.51	0.56	1.51	0.11	0.42	0.55	1.45	0.35	1.22
工业烟尘排放总量(万吨)	0.94	0.09	0.80	0.49	3.29	0.32	0.33	2.80	2.17	1.79	0.89	1.24	2.38	3.20	1.07	0.74	0.44	0.64	0.89	0.18	0.61
工业粉尘排放量(千吨)	1.50	0.76	1.60	0.28	2.90	17.64	1.54	0.00	0.22	8.69	6.11	6.53	2.35	5.75	31.50	0.01	0.37	6.38	3.81	0.82	5.55
工业固体废物排放量(千吨)	0.05	0.50	3.60	0.20	3.30	0.00	21.90	6.90	0.40	0.30	7.40	9.70	0.40	5.80	22.60	1.20	0.10	0.00	11.80	45.4	0.10

图 4-1　2010 年广东省各市“三废”排放量

资料来源：笔者根据《广东统计年鉴 2011》数据整理研究计算绘制。

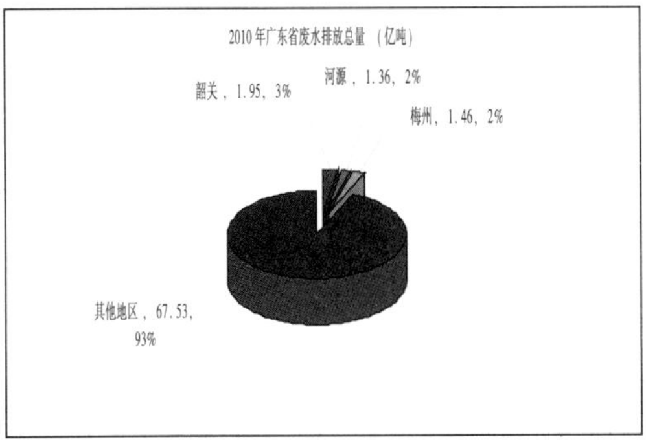

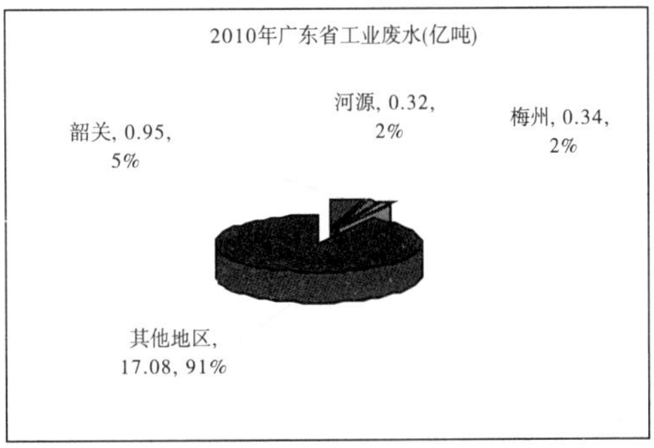

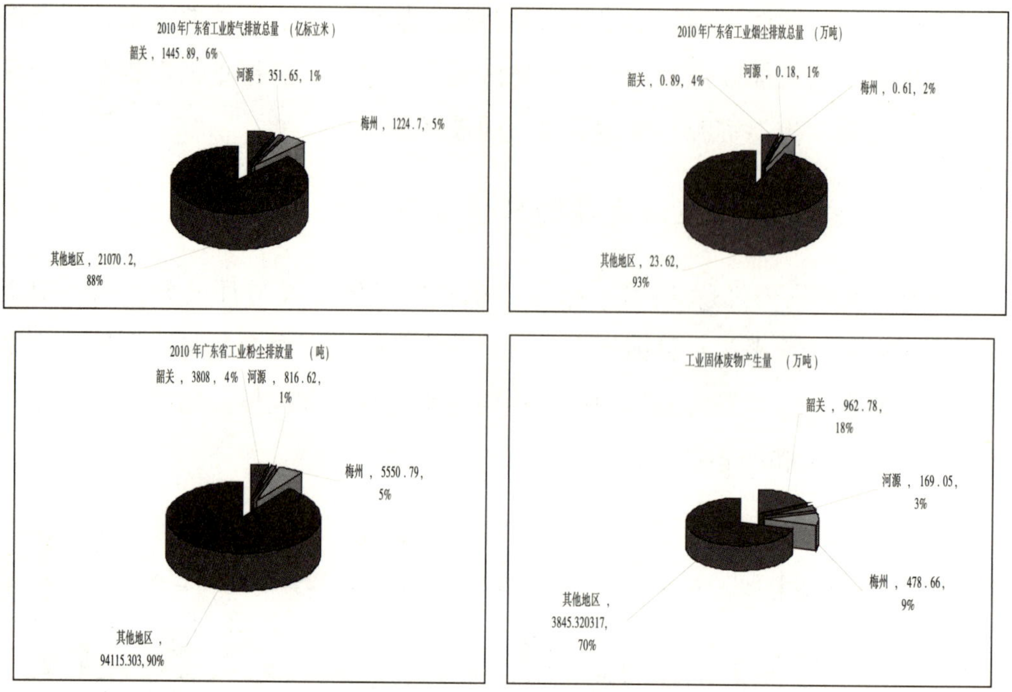

图 4-2　2010 年生态功能区三市“三废”排放占全省的比重

资料来源：笔者根据《广东统计年鉴 2011》数据整理研究计算绘制。

2010 年生态发展区三市的废水和工业废水、废气、烟尘、粉尘的排放量和工业固废物的产生量占广东全省的比重分别为 7%、9%、12%、7%、10%和 30%。这一污染总量比例（除工业固废产生量外）与广东其他地区比较相对较小。但其原因并非在于生态发展区三市已经形成了符合绿色发展要求的产业体系，而是在于其工业规模相对广东全省而言，占比极小。例如，2010 年生态发展区三市地区生产总值 1771.1 亿元，仅占广东全省地区生产总值的 3.71%。从近十年的发展趋势看，这一比例基本上就是生态发展区三市在广东省的一个稳态值。如图 4-3 所示。

生态发展区三市的产业结构，尤其是工业内部结构，目前距生态发展区的要求还有极大的差距，单位工业产值所产生的“三废”对环境的污染远远大于广东省的平均水平和全国的平均水平。设定符号 A、B 为生态发展区三市分别与广东和全国平均水平的差距；SA、SB 为韶关分别与广东和全国平均水平的差距；HA、HB 为河源分别与广东和全国平均水平的差距；MA、MB 为梅州

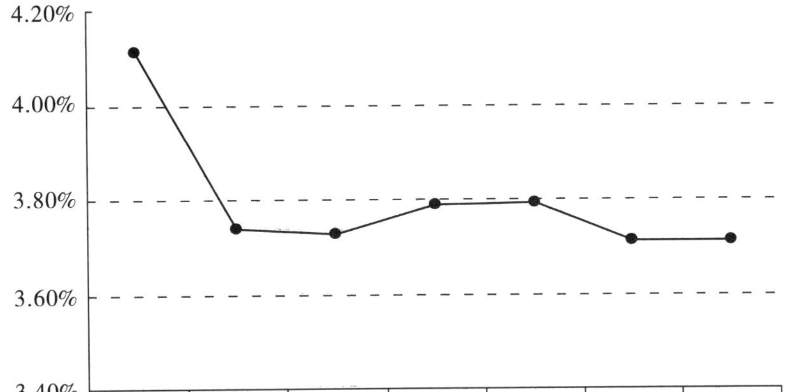

	2000	2005	2006	2007	2008	2009	2010
生态发展区GDP占全省比重	4.11	3.74	3.73	3.79	3.79	3.71	3.71

图 4-3　生态发展区三市地区生产总值占广东全省比重

资料来源：笔者根据《广东统计年鉴 2011》数据整理研究计算绘制。

分别与广东和全国平均水平的差距。如图 4-4、图 4-5 和图 4-6、图 4-7 所示。

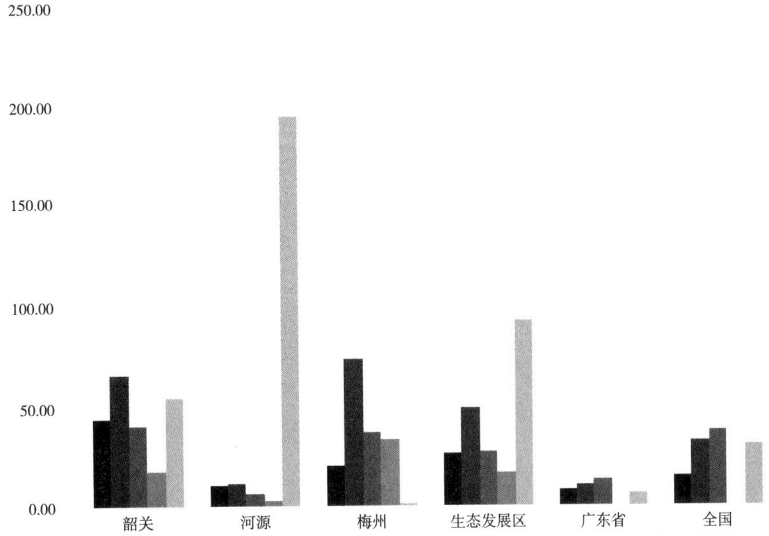

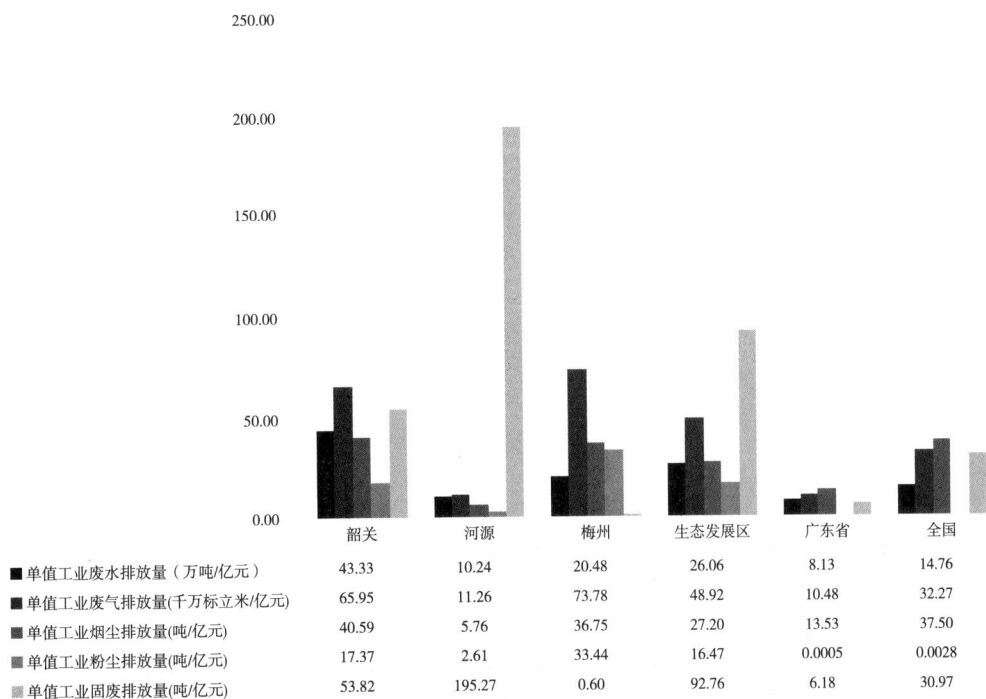

	韶关	河源	梅州	生态发展区	广东省	全国
单值工业废水排放量（万吨/亿元）	43.33	10.24	20.48	26.06	8.13	14.76
单值工业废气排放量(千万标立米/亿元)	65.95	11.26	73.78	48.92	10.48	32.27
单值工业烟尘排放量(吨/亿元)	40.59	5.76	36.75	27.20	13.53	37.50
单值工业粉尘排放量(吨/亿元)	17.37	2.61	33.44	16.47	0.0005	0.0028
单值工业固废排放量(吨/亿元)	53.82	195.27	0.60	92.76	6.18	30.97

图 4-4　2010 年生态发展区三市工业“三废”单位产值排放量

资料来源：笔者根据《广东统计年鉴 2011》数据整理研究计算绘制。

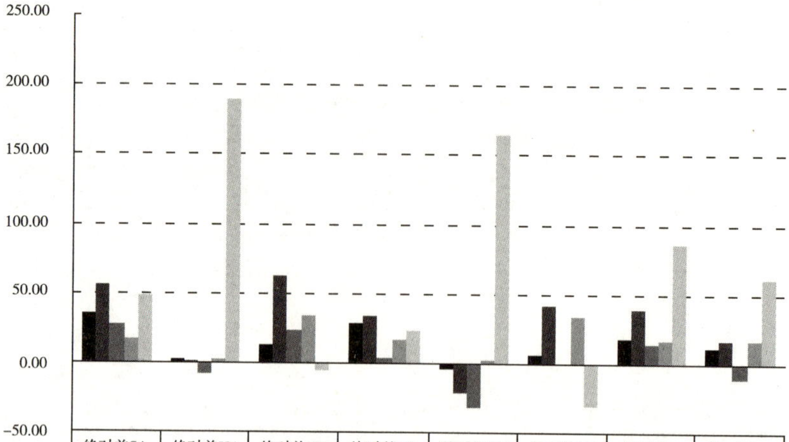

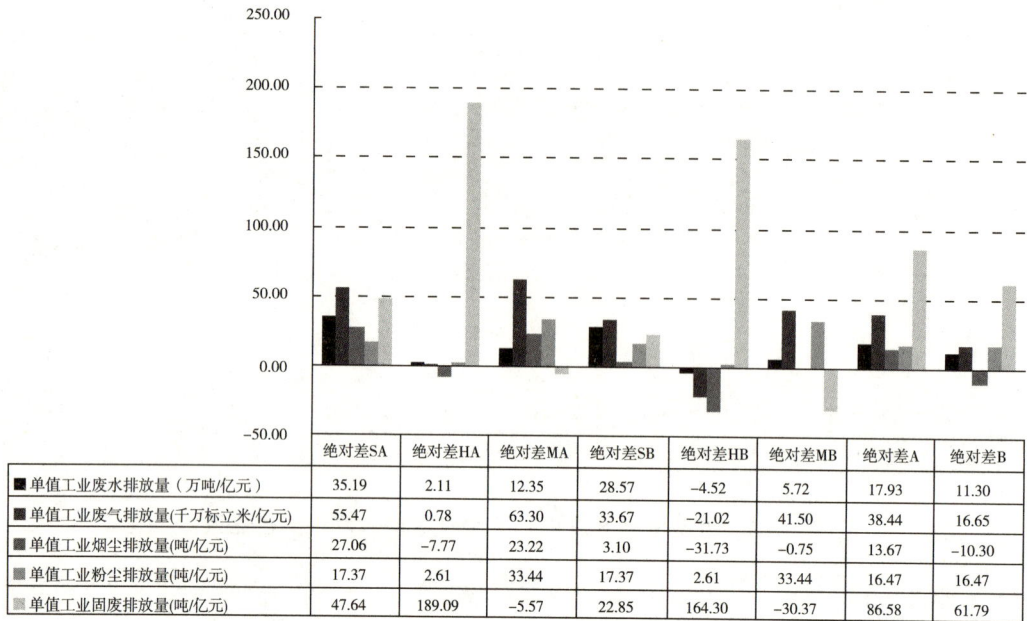

	绝对差SA	绝对差HA	绝对差MA	绝对差SB	绝对差HB	绝对差MB	绝对差A	绝对差B
单值工业废水排放量（万吨/亿元）	35.19	2.11	12.35	28.57	−4.52	5.72	17.93	11.30
单值工业废气排放量(千万标立米/亿元)	55.47	0.78	63.30	33.67	−21.02	41.50	38.44	16.65
单值工业烟尘排放量(吨/亿元)	27.06	−7.77	23.22	3.10	−31.73	−0.75	13.67	−10.30
单值工业粉尘排放量(吨/亿元)	17.37	2.61	33.44	17.37	2.61	33.44	16.47	16.47
单值工业固废排放量(吨/亿元)	47.64	189.09	−5.57	22.85	164.30	−30.37	86.58	61.79

图 4-5　生态发展区三市“三废”单值排放量与广东省和全国排放量比较（绝对量）

资料来源：笔者根据《广东统计年鉴 2011》数据整理研究计算绘制。

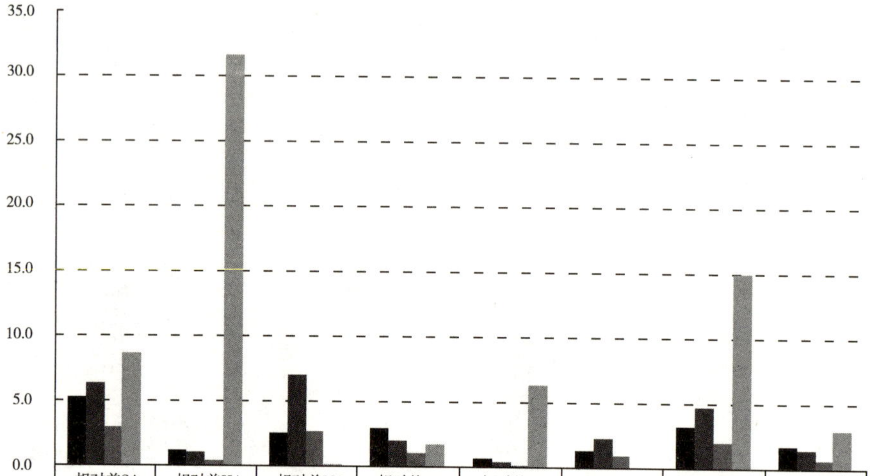

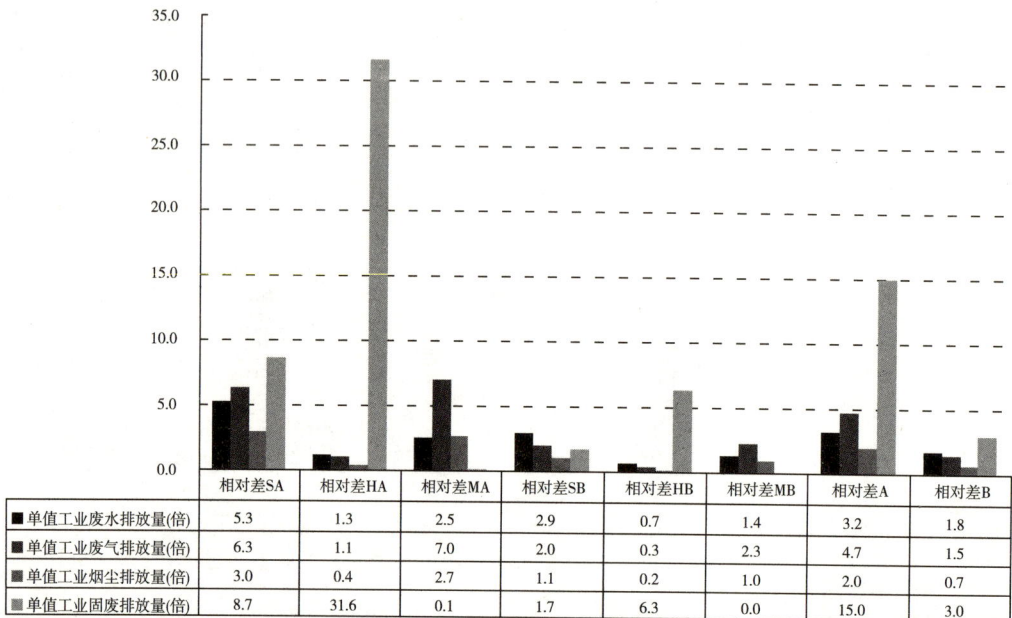

	相对差SA	相对差HA	相对差MA	相对差SB	相对差HB	相对差MB	相对差A	相对差B
单值工业废水排放量(倍)	5.3	1.3	2.5	2.9	0.7	1.4	3.2	1.8
单值工业废气排放量(倍)	6.3	1.1	7.0	2.0	0.3	2.3	4.7	1.5
单值工业烟尘排放量(倍)	3.0	0.4	2.7	1.1	0.2	1.0	2.0	0.7
单值工业固废排放量(倍)	8.7	31.6	0.1	1.7	6.3	0.0	15.0	3.0

图 4-6　生态发展区三市“三废”单值排放量与广东省和全国排放量比较（相对量）

资料来源：笔者根据《广东统计年鉴 2011》数据整理研究计算绘制。

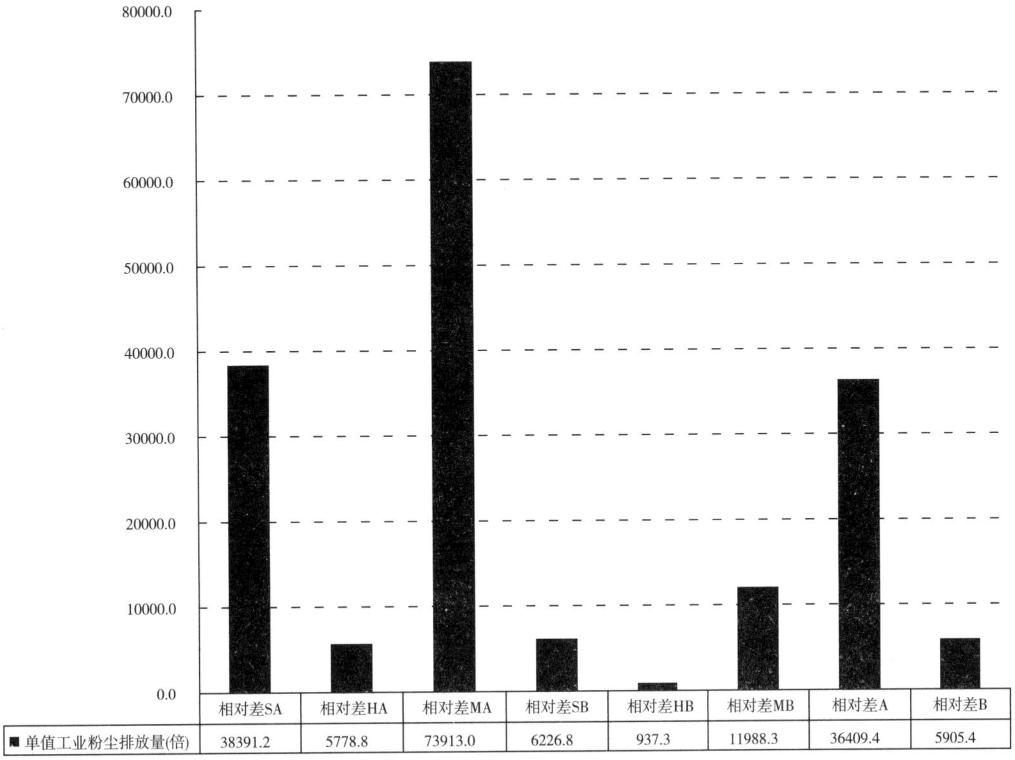

	相对差SA	相对差HA	相对差MA	相对差SB	相对差HB	相对差MB	相对差A	相对差B
■ 单值工业粉尘排放量(倍)	38391.2	5778.8	73913.0	6226.8	937.3	11988.3	36409.4	5905.4

图 4-7　生态发展区三市“三废”单值排放量与广东省和全国排放量比较（相对量）

资料来源：笔者根据《广东统计年鉴 2011》数据整理研究计算绘制。

图 4-4、图 4-5 和图 4-6、图 4-7 显示：2010 年生态发展区三市单值工业废水、单值工业废气、单值工业烟尘、单值工业粉尘和单值工业固废排放量分别达到 26.06 万吨/亿元、48.92 千万标立米/亿元、27.20 吨/亿元、16.47 吨/亿元和 92.76 吨/亿元。与广东省和全国平均水平比较，生态发展区的单值工业废水排放量超出广东省 17.93 万吨/亿元、超出全国 11.3 万吨/亿元，分别是广东省的 3.2 倍、全国的 1.8 倍；单值工业废气排放量超出广东省 38.44 千万标立米/亿元、超出全国 16.65 千万标立米/亿元，分别是广东省的 4.7 倍、全国的 1.5 倍；单值工业烟尘排放量超出广东省 13.67 吨/亿元、但比全国少 10.3 吨/亿元，是广东省的 2 倍、全国的 0.7 倍；单值工业粉尘排放量超出广东省 16.47 吨/亿元、超出全国 16.47 吨/亿元，是广东省的 36409 倍、全国的 5905 倍；单值工业固废排放量超出广东省 86.58 吨/亿元、超出全国 61.79 吨/亿元，分别是广东省的 15 倍、全国的 3 倍。除工业固体废物产生量

与排放量外，生态发展区三市中，韶关的单值“三废”排放要高于河源与梅州。

二、生态发展区经济发展的能源耗费分析

图4-8是2010年广东全省及各市单位地区生产总值能源耗费数据，图4-9是2010年广东省各市单值能耗的频数分布，表4-1是其描述性统计量。

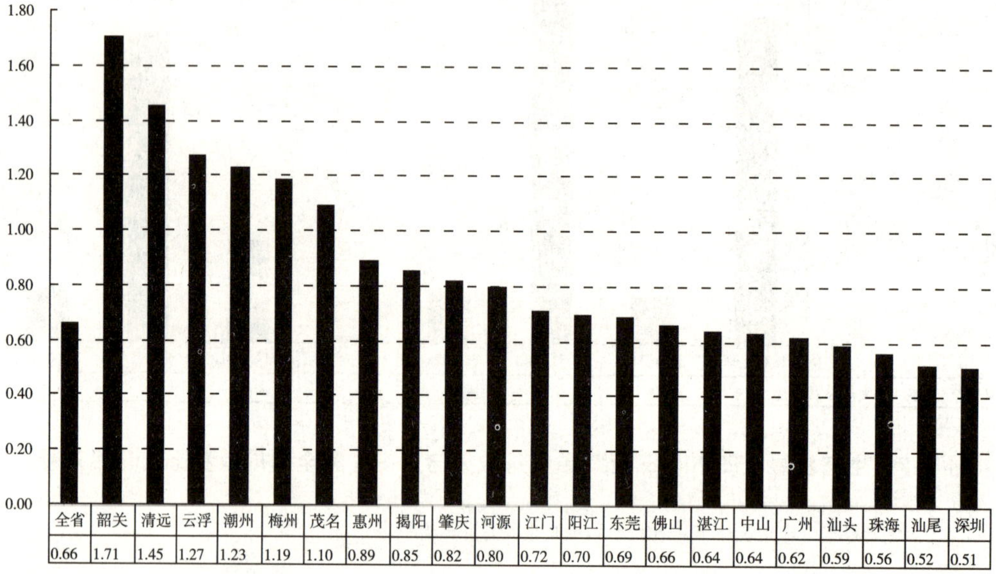

图4-8 2010年广东全省及各市单位GDP能耗（吨标准煤/万元）

资料来源：笔者根据《广东统计年鉴2011》数据整理研究计算绘制。

表4-1 2010年广东省各市单位GDP能耗描述性统计量

	全距	极小值	极大值	均值		标准差	方差	偏度		峰度	
	统计量	统计量	统计量	统计量	标准误	统计量	统计量	统计量	标准误	统计量	标准误
单位GDP能耗	1.20	.51	1.71	.8653	.07275	.33340	.111	1.152	.501	.560	.972

资料来源：笔者根据《广东统计年鉴2011》数据整理研究计算制表。

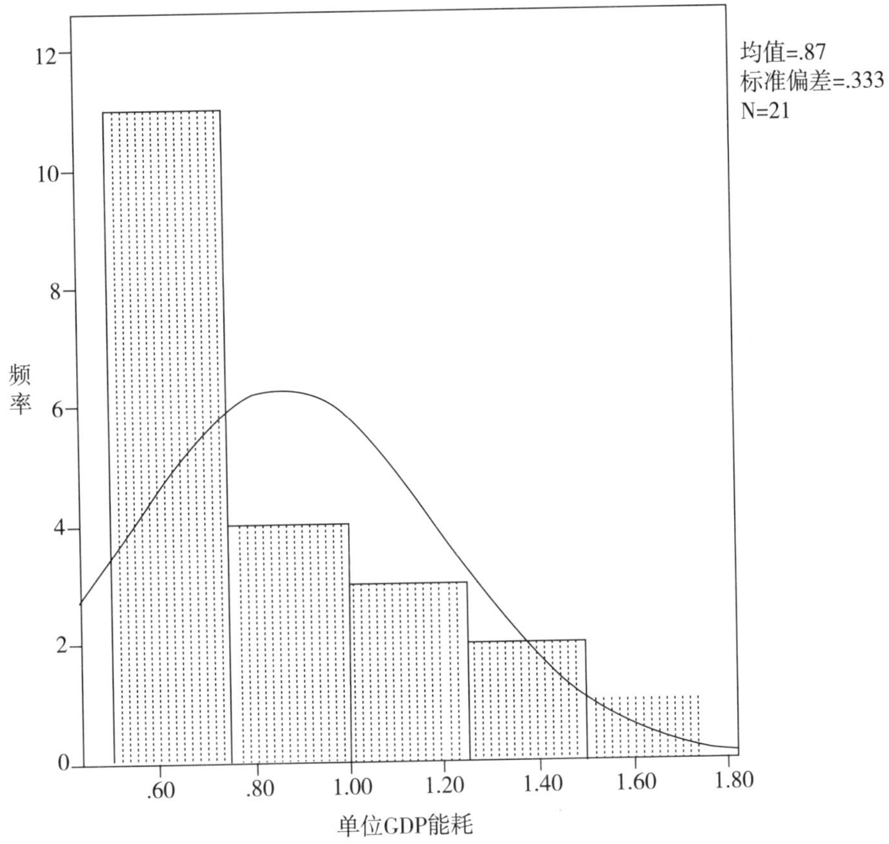

图 4-9　2010 年广东省各市单值能耗频数分布

资料来源：笔者根据《广东统计年鉴 2011》数据整理研究计算绘制。

图表中显示，广东全省每万元 GDP 的综合能耗为 0. 66 吨标准煤，21 个市的单位 GDP 能耗均值为 0. 865 吨标准煤/万元，高于全省平均水平 0. 2 吨标准煤/万元，极差为 1. 2 吨标准煤/万元，标准差为 0. 33 吨标准煤/万元。单值能耗最大的地区是生态发展区的韶关市，每万元 GDP 的综合能耗为 1. 71 吨标准煤，在频数分布图中处于右尾。单值能耗最小的地区是深圳，每万元 GDP 的综合能耗为 0. 51 吨标准煤。生态发展区的梅州、河源二市的每万元 GDP 综合能耗分别为 1. 19 和 0. 8 吨标准煤，二市也高于广东省的单值能耗平均水平。从整体上看，各市单值能耗的离散程度较大，而生态发展区三市单值能耗较大是其重要的原因。

三、生态发展区对产业发展的约束要求

生态发展区发展战略目标是实现生态与经济效益价值的综合提高。这对于产业发展提出了一定的约束要求。主要包括资源的节约性、环境的友好性、产出的效益性、市场的竞争性以及长期发展的可持续性等。近中期来看，资源、环境和经济效益对生态发展区产业发展的约束水平以参考广东省的平均水平或是全国的平均水平为宜。

（一）经济效益的约束

选择总资产贡献率、成本费用利润率来衡量产业的经济效益，通过查阅《广东省统计年鉴》和《中国统计年鉴》分别得到广东省的总资产贡献率为15.63%，成本费用利润率为8.05%。以广东省为参照对象，生态发展区产业的总资产贡献率应该大于15.63%，成本费用利润率应该大于8.05%。

（二）资源节约的约束

可以选择能源强度、用水强度、用地强度以及根据投入产出表中的直接消耗系数等指标来衡量产业的资源节约程度。同样以广东省为参照对象，以能源强度和用水强度为例，广东省能源强度的平均水平为0.667吨标准煤/万元，用水强度的平均水平为65m^3/万元。所以，生态发展区的能源约束应该为小于0.667吨标准煤/万元、用水强度应该小于65m^3/万元。

（三）环境友好性约束

衡量环境友好性可以用国家颁布的主要产业污染物排放国家标准来测量。以“三废”排放为例，广东省目前排放的强度分别是废水排放强度为2吨/万元、废气排放强度为0.258亿标立米/亿元。所以，生态发展区产业发展的污染排放强度应经过一段时期的努力后等于或小于广东全省的平均水平。

更多的约束条件可以根据目前统计或监测得到的数据，按照生态发展区的主体功能来进行设计，构成一个测度生态发展区产业发展在经济效益、资源节约、环境友好、竞争力强又可持续发展的约束条件体系，在后面的节段还将进

行深入讨论。为说明问题将以上三项约束列入表 4-2 中。

表 4-2 生态发展区产业发展的基本约束条件

项目	基本指标	生态发展区现状	约束条件
资源节约性	能耗强度（吨标准煤/万元）	1.23	<0.667
	用水强度（m^3/万元）	37.00	<65
环境友好性	工业废水（万吨/亿元）	23.59	<8.66
	工业废气（亿标立米/亿元）	4.43	<1.12
	工业烟尘（吨/亿元）	24.61	<14.41
	工业粉尘（吨/亿元）	14.94	<4.82
	工业固废（吨/亿元）	83.95	<6.58
经济效益	总资产贡献率（%）	18.37	>15.63
	成本费用利润率（%）	10.42	>8.03

资料来源：数据系笔者根据以下资料整理研究计算得到：广东省统计局：《广东统计年鉴 2011》，http：//www.gdstats.gov.cn/；韶关市统计局：《韶关统计年鉴 2011》，http：//www.sgtjj.gov.cn/；河源市统计局：《河源统计年鉴 2011》，http：//stats.heyuan.gov.cn/；梅州市统计局：《梅州统计年鉴 2011》，http：//stats.meizhou.gov.cn/。

第二节 生态发展区经济与生态协调发展的产业选择

一、产业结构调整的基本方向

生态发展区所表现出来的单值高污染、单值高能耗是由其产业技术水平和产业结构所决定的。调整优化产业结构必须综合考虑各产业的总量及其在地区生产总值中所占的比重和它们的单值能耗、单值排放以及能耗与污染的总量指标。

图 4-10 是 2010 年广东省三次产业的增加值及其占比数据。图中数据显示，第二产业、第三产业增加值分别占广东省地区生产总值的 50%和 45%，其中第二产业的工业占到广东省地区生产总值的 46.64%。可见工业仍然是广东省的支柱产业。

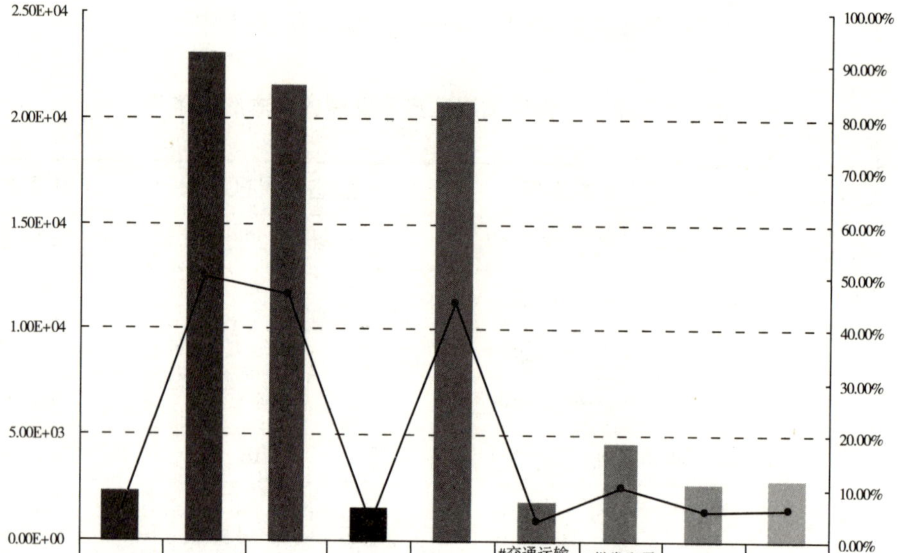

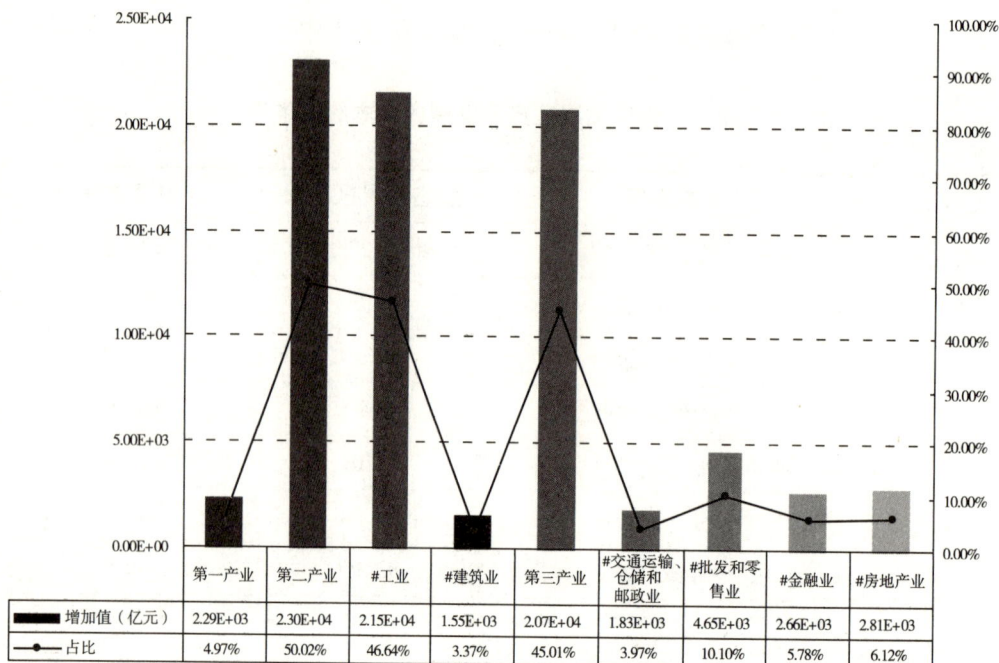

	第一产业	第二产业	#工业	#建筑业	第三产业	#交通运输、仓储和邮政业	#批发和零售业	#金融业	#房地产业
增加值（亿元）	2.29E+03	2.30E+04	2.15E+04	1.55E+03	2.07E+04	1.83E+03	4.65E+03	2.66E+03	2.81E+03
占比	4.97%	50.02%	46.64%	3.37%	45.01%	3.97%	10.10%	5.78%	6.12%

图 4-10　2010 年广东省三次产业增加值及占比（亿元，%）

资料来源：笔者根据《广东统计年鉴 2011》数据整理研究计算绘制。

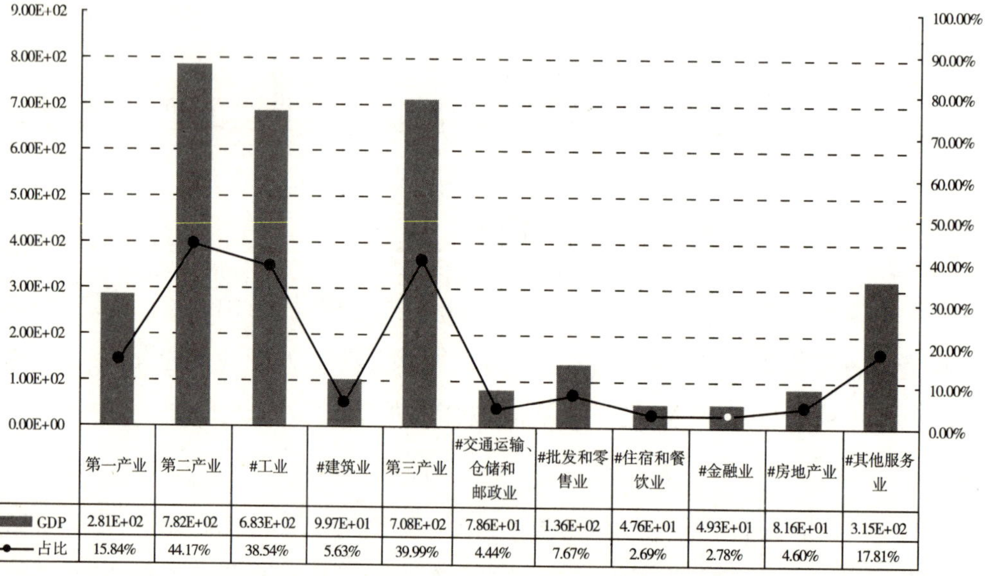

	第一产业	第二产业	#工业	#建筑业	第三产业	#交通运输、仓储和邮政业	#批发和零售业	#住宿和餐饮业	#金融业	#房地产业	#其他服务业
GDP	2.81E+02	7.82E+02	6.83E+02	9.97E+01	7.08E+02	7.86E+01	1.36E+02	4.76E+01	4.93E+01	8.16E+01	3.15E+02
占比	15.84%	44.17%	38.54%	5.63%	39.99%	4.44%	7.67%	2.69%	2.78%	4.60%	17.81%

图 4-11　2010 年生态发展区三市三次产业增加值及占比（亿元，%）

资料来源：笔者根据《广东统计年鉴 2011》《韶关统计年鉴 2011》《河源统计年鉴 2011》《梅州统计年鉴 2011》数据整理研究计算绘制。

图 4-11 是 2010 年生态发展区三次产业的增加值及其占比数据。图中数据显示，第二产业、第三产业增加值分别占三市地区生产总值的 44.17%和 39.99%，其中第二产业的工业占到生态发展区地区生产总值的 38.54%。工业同样也是生态发展区主要的支柱产业。

图 4-12 是 2010 年广东省产业单值能耗、能源消费总量及占比重数据。图中数据显示，第三产业中的交通运输等行业的单值能耗最大、其次是第二产业中的工业，随后依次是第二产业中的建筑业、第一产业、第三产业中的商业和其他行业。能源消费总量最大的是工业、其次是交通运输业等，随后依次是批零商业、第三产业中的其他行业、第一产业、第二产业中的建筑业。能源消费总量占比最大的工业，占能源总消费量的 72.39%。

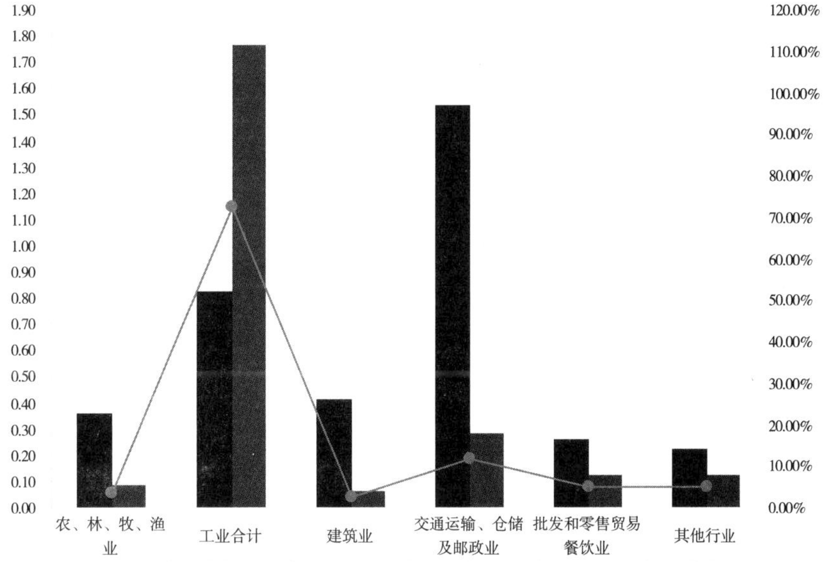

	农、林、牧、渔业	工业合计	建筑业	交通运输、仓储及邮政业	批发和零售贸易餐饮业	其他行业
单值能耗（吨标煤/万元）	0.36	0.82	0.42	1.53	0.26	0.22
能源消费总量（亿吨）	0.08	1.77	0.06	0.28	0.12	0.12
总量占比	3.35	72.39	2.64	11.46	5.01	4.99

图 4-12　2010 年广东省产业单值能耗、能源消费总量及占比

资料来源：笔者根据《广东统计年鉴 2011》《韶关统计年鉴 2011》《河源统计年鉴 2011》《梅州统计年鉴 2011》数据整理研究计算绘制。

综合图 4-12 中数据，可以得到图 4-13。图中显示了广东省 2010 年三次产业的单值能耗、能源消费总量和占比。单值能耗最大的是第二产业、随后依次是第三产业和第一产业。其中，第二产业的能源消费量占到能源消费总量的 75.03%、第三产业占比为 21.47%、第一产业占比为 3.35%。

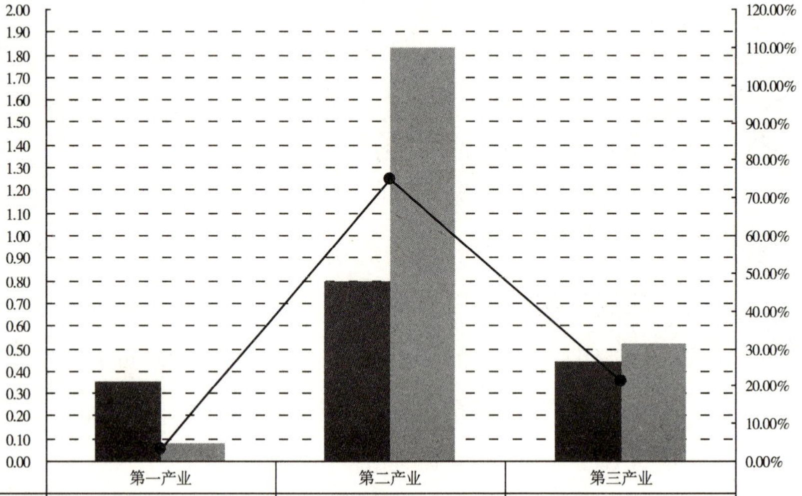

	第一产业	第二产业	第三产业
单值能耗（吨标准煤/万元）	0.36	0.80	0.44
能源消费总量（亿吨）	0.08	1.83	0.52
总量占比	3.35	75.03	21.47

图 4-13　2010 年广东省三次产业单值能耗、能耗消费总量及占比

资料来源：笔者根据《广东统计年鉴 2011》《韶关统计年鉴 2011》《河源统计年鉴 2011》《梅州统计年鉴 2011》数据整理研究计算绘制。

综合考虑三次产业的增加值总量、比重和能源消费总量、单值能耗水平及各产业在总能源消费中的比例，可以知道：实现生态发展区经济与资源环境的协调发展，转变发展方式，调整产业结构的总体方向应该是稳步发展第一产业、大力发展第三产业、优化调整第二产业中的工业内部结构。这一结论与笔者①通过向量自回归方法，分析三次产业间相互冲击的动态响应所得到的结论较为一致。在以下的部分将对工业内部行业的经济效益与资源环境效益作出分析，以此作为生态发展区实现经济与资源环境良性互动的工业行业的选择基础。

二、工业行业的经济效益分析

图 4-14、图 4-15 是生态发展区三市工业企业的主要经济效益数据。图中显示，三市中，河源与梅州的总资产贡献率、成本费用利润率均高出全省平均水平，工业企业的综合运行与管理效益、资金获利能力都较好。只是总体规模

① 欧阳建国：《三次产业间相互冲击的动态响应》，《上海经济研究》2006 年第 10 期。

不够，利税总额低于广东全省平均水平很多。在三市中，韶关工业企业的综合运行与管理效益较低，资金获得能力也较低，总资产贡献率、成本费用利润率均低于广东全省的平均水平，规模以上企业利税总额在三市中也是最低的，与广东省平均水平差距最大。

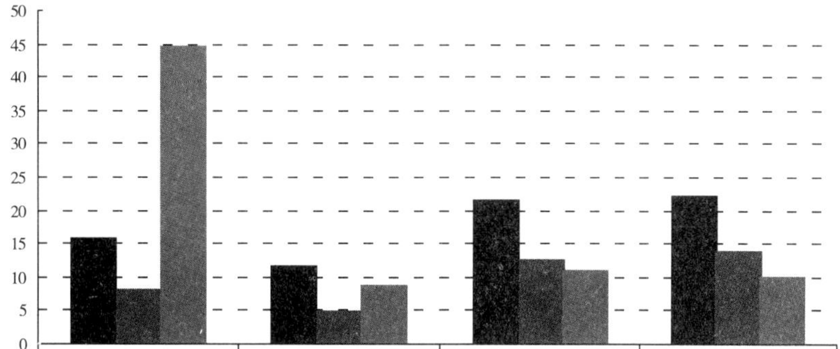

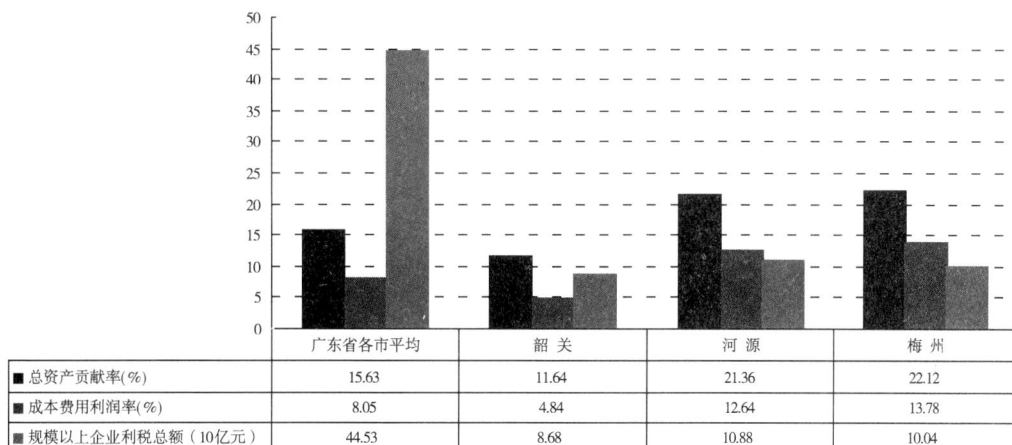

	广东省各市平均	韶 关	河 源	梅 州
■ 总资产贡献率(%)	15.63	11.64	21.36	22.12
■ 成本费用利润率(%)	8.05	4.84	12.64	13.78
■ 规模以上企业利税总额（10亿元）	44.53	8.68	10.88	10.04

图 4-14　2010 年生态发展区三市工业经济效益

资料来源：笔者根据《广东统计年鉴 2011》《韶关统计年鉴 2011》《河源统计年鉴 2011》《梅州统计年鉴 2011》数据整理研究计算绘制。

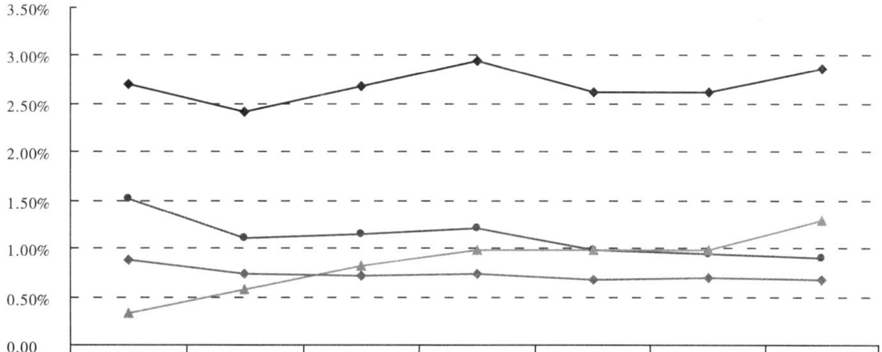

	2000	2005	2006	2007	2008	2009	2010
韶 关	1.51	1.10	1.15	1.21	0.97	0.94	0.90
河 源	0.32	0.58	0.82	0.99	0.97	0.98	1.29
梅 州	0.88	0.73	0.71	0.74	0.67	0.69	0.68
生态发展区三市	2.70	2.41	2.68	2.94	2.62	2.61	2.87

图 4-15　生态发展区三市工业增加值占全省的比重序列

资料来源：笔者根据《广东统计年鉴 2011》《韶关统计年鉴 2011》《河源统计年鉴 2011》《梅州统计年鉴 2011》数据整理研究计算绘制。

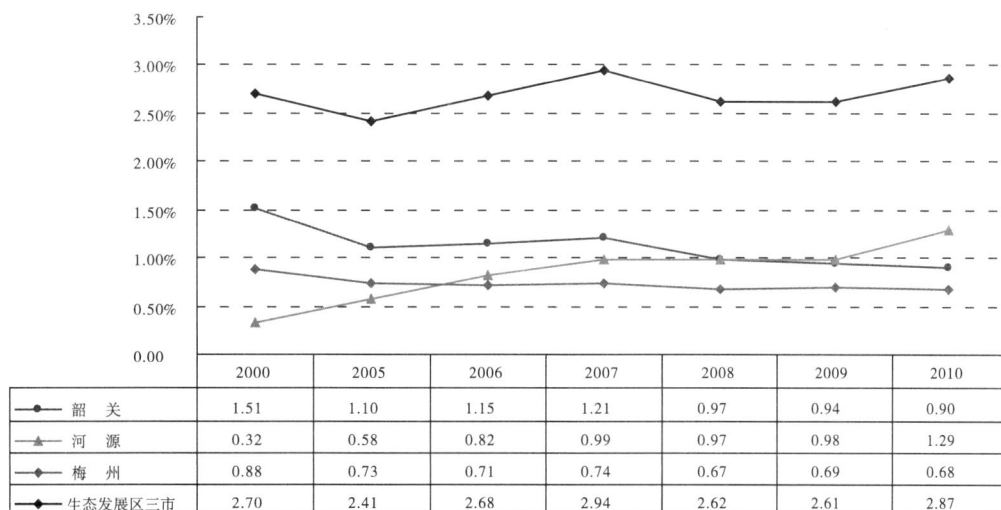

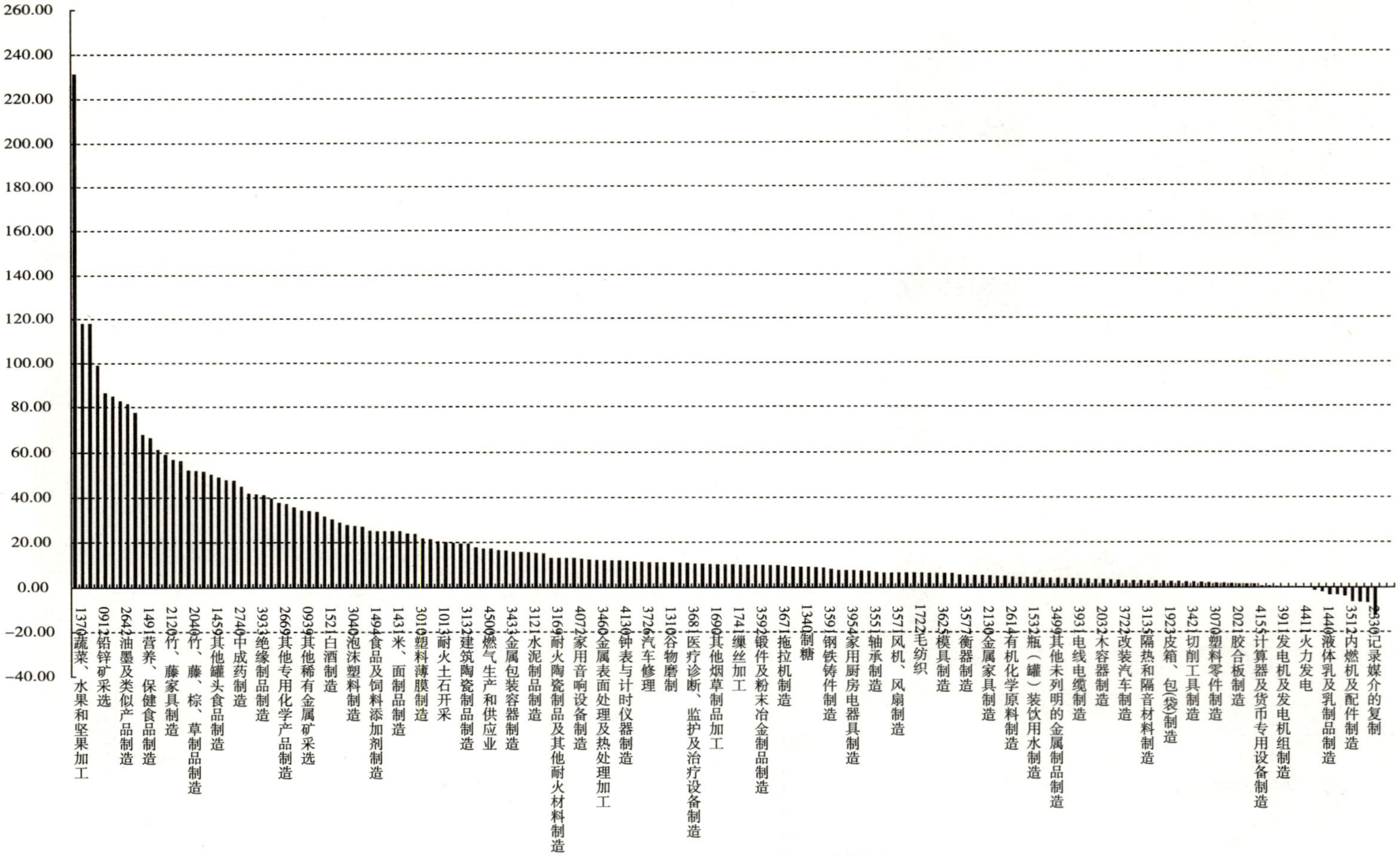

图4-16 2010年韶关市工业行业4位码细类总资产贡献率（%）

资料来源：笔者根据韶关市统计局提供的四位码工业统计数据整理研究计算制表。

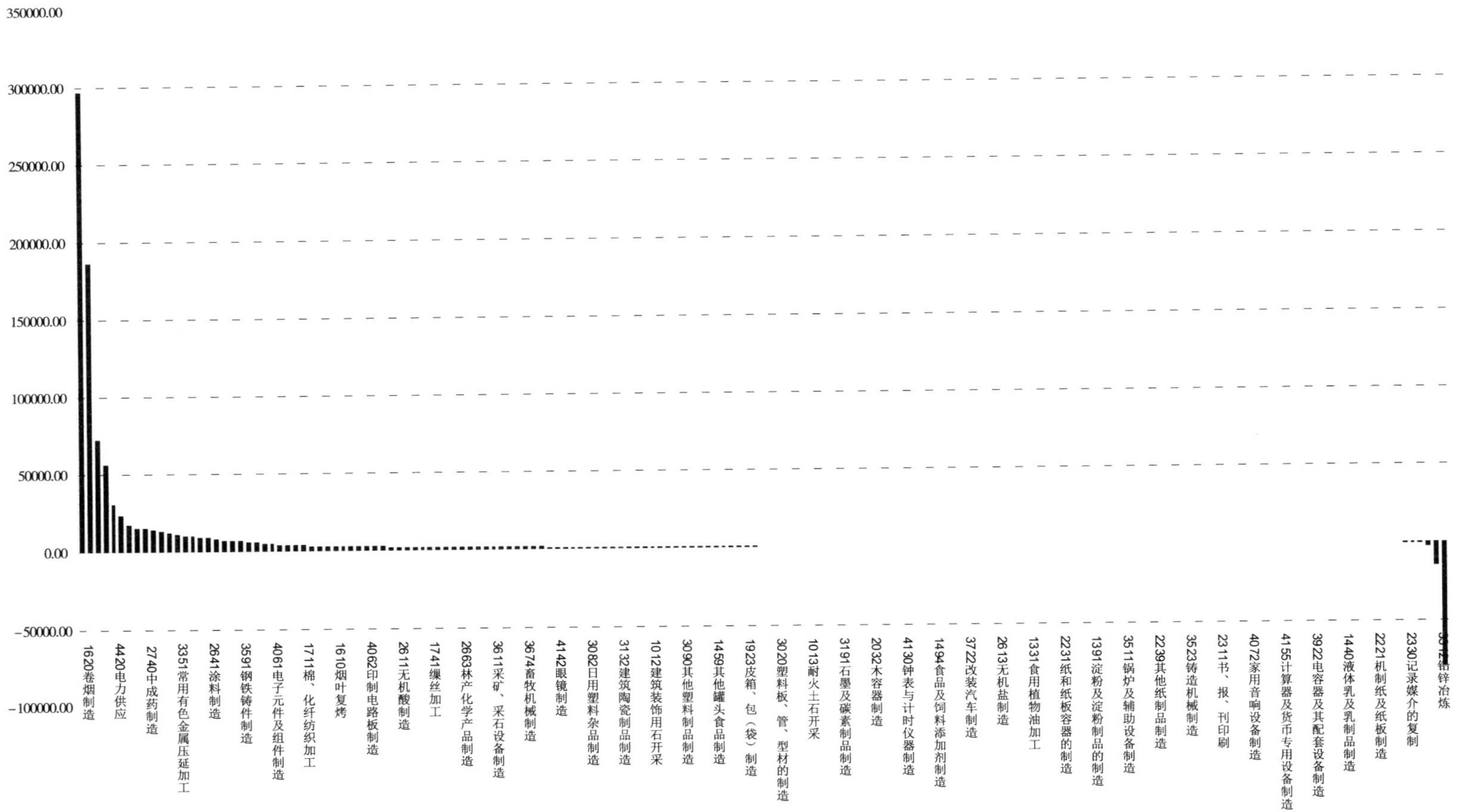

图4-17　2010年韶关市工业行业4位码细类利税总额（万元）

资料来源：笔者根据韶关市统计局提供的四位码工业统计数据整理研究计算制表。

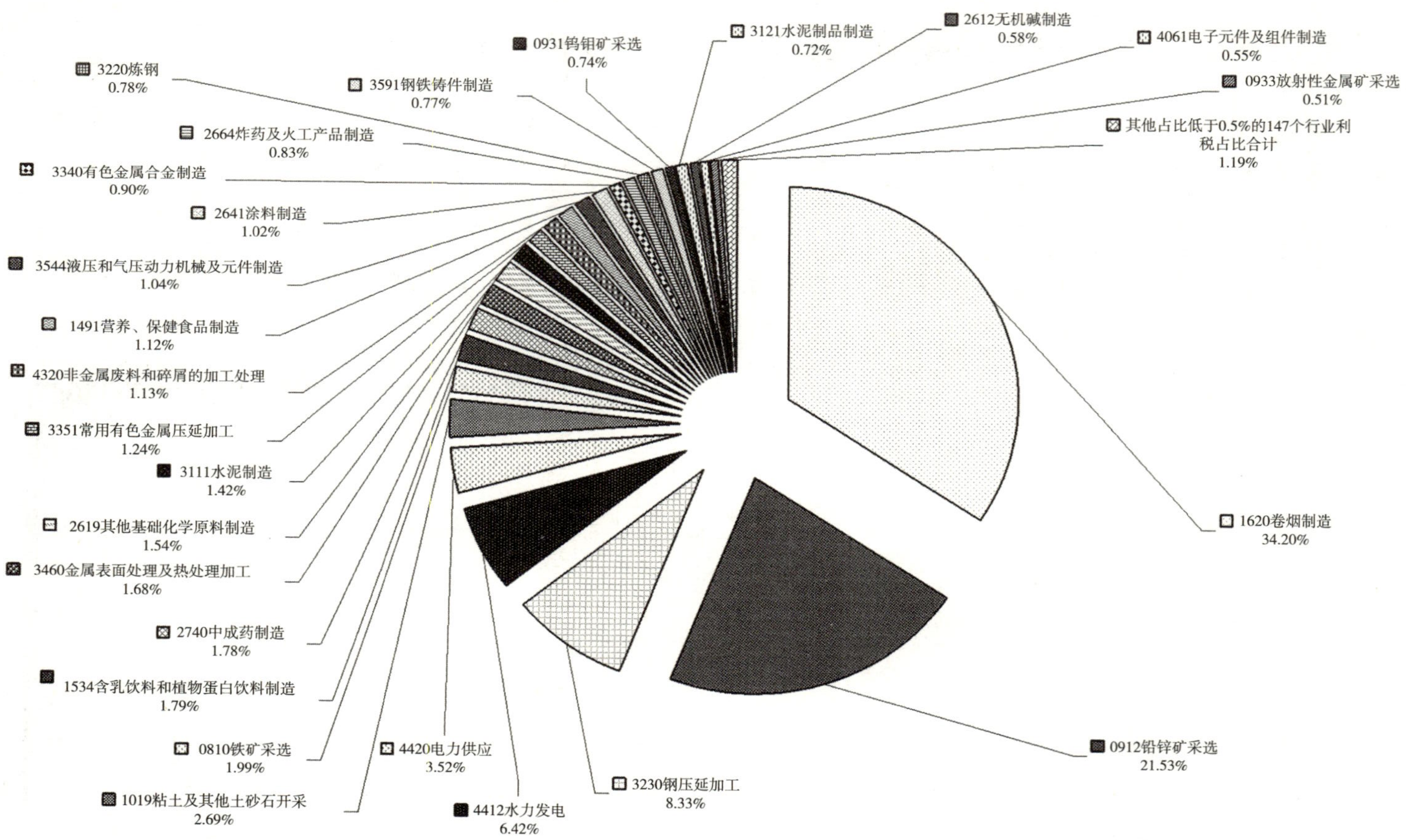

图4-18　2010年韶关市工业行业4位码细类利税构成（%）

资料来源：笔者根据韶关市统计局提供的四位码工业统计数据整理研究计算制表。

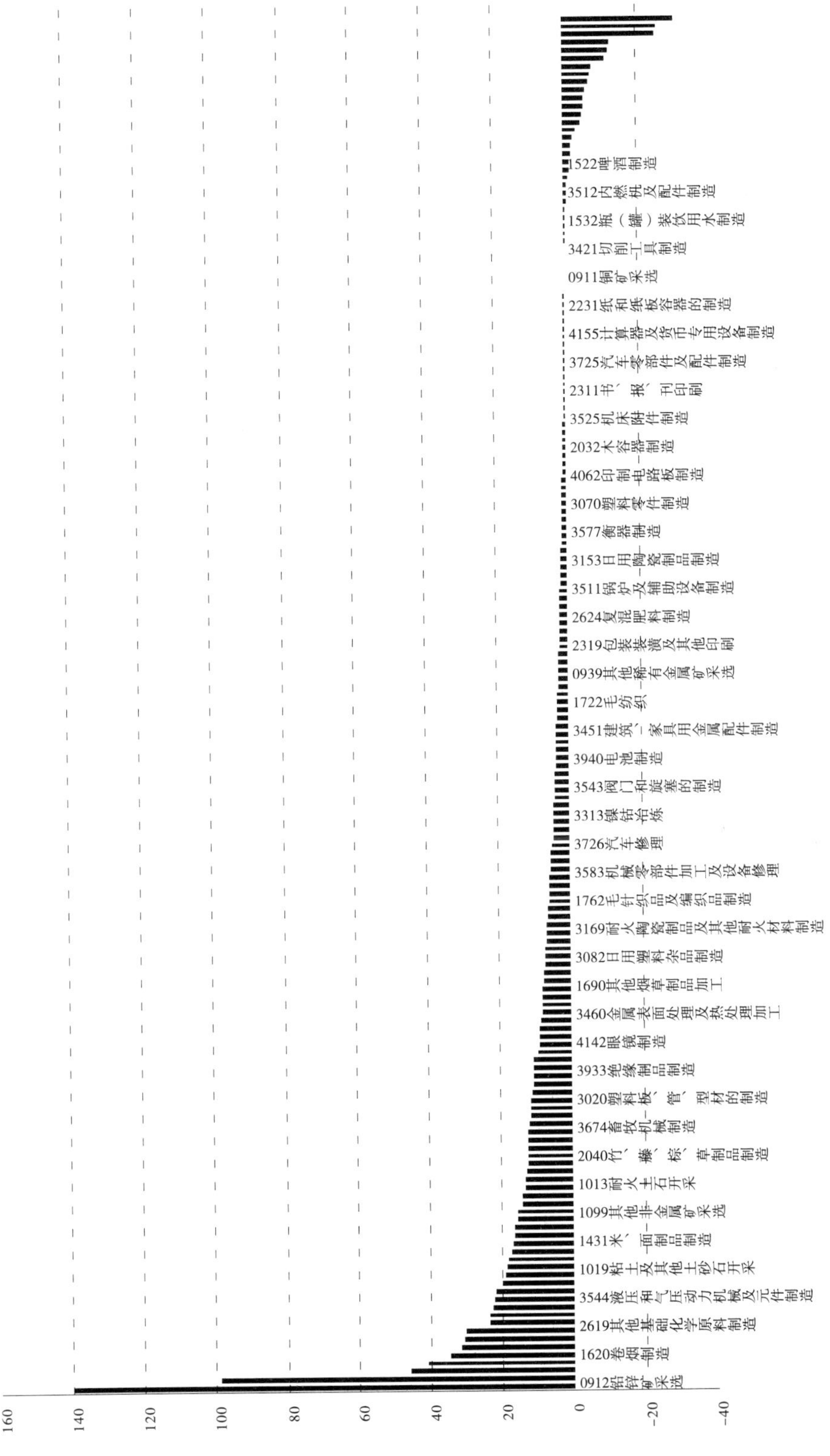

图4-19　2010年韶关市工业行业4位码细类成本费用利润率（%）

资料来源：笔者根据韶关市统计局提供的四位码工业统计数据整理研究计算制表。

从总体上看，生态发展区三市的工业规模在广东全省相对较小，近 10 年来工业增加值在全省所占的比重一直在 2.41%—2.94%之间运行。2010 年三市的工业增加值之和仅为 683 亿元，平均各市 200 亿元出头。

正确选择能够促进生态发展区三市经济与资源环境良性互动的产业，对于生态发展区在发展中保护和在保护中发展具有非常重大的意义。在本节研究中，将选取生态发展区三市中的韶关来探讨工业行业产业的选择问题，通过对韶关工业行业 4 位码细类的分析来确定产业选择的方向。

图 4-16 是 2010 年韶关市工业行业 4 位码细类总资产贡献率，图 4-17、图 4-18 是 2010 年韶关市工业行业 4 位码细类的利税总额及构成，图 4-19 是 2010 年韶关市工业行业 4 位码细类成本费用利润率，表 4-3 是 2010 年韶关市工业行业 4 位码细类上述 3 个指标的描述性统计量，图 4-20 是 2010 年韶关市工业行业 4 位码细类总资产贡献率频数分布，图 4-21 是 2010 年韶关市工业行业 4 位码细类利税总额频数分布。

表 4-3　2010 年韶关市工业行业 4 位码细类主要经济效益指标描述性统计量

	N	全距	极小值	极大值	均值	标准差	偏度		峰度	
	统计量	统计量	统计量	统计量	统计量	统计量	统计量	标准误	统计量	标准误
总资产贡献率	173	244.09	-12.66	231.43	19.62	28.20	3.54	0.19	19.36	0.37
成本费用利润率	173	170.83	-30.81	140.02	6.49	15.89	4.69	0.19	34.80	0.37
利税总额	173	376206.00	-79480.00	296726.00	5015.87	28259.47	8.00	0.19	76.37	0.37

资料来源：笔者根据韶关市统计局提供的四位码工业统计数据整理研究计算制表。

图表中显示：韶关市 173 个 4 位码细类工业行业总资产贡献率均值为 19.62%、利税总额均值为 5015 万元、成本费用利润率均值为 6.49%，标准差分别为 28.2、28259 和 15.89，经济效益在行业中的离散程度较大，三项指标均呈现出偏正态的分布。

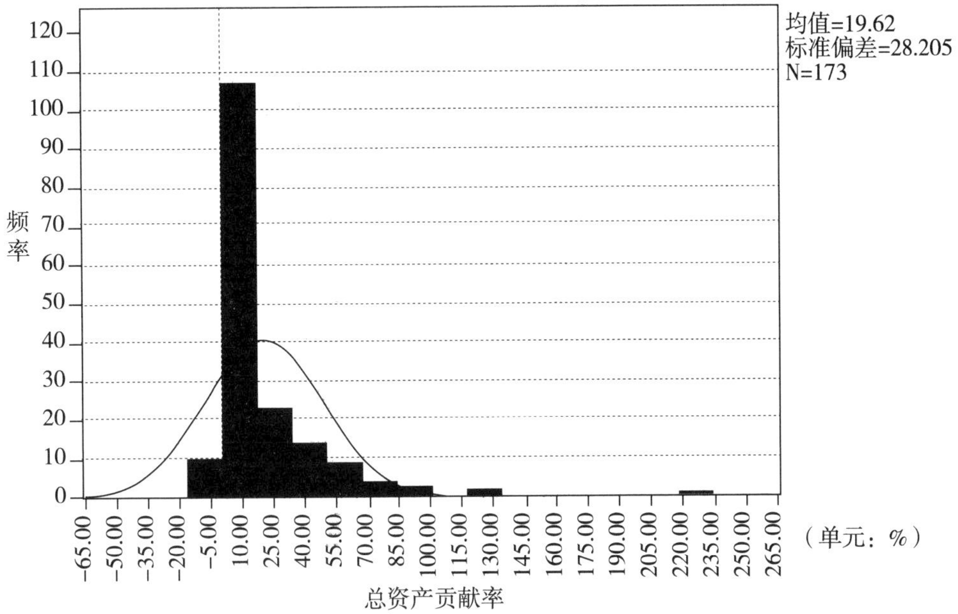

图 4-20　2010 年韶关市工业行业 4 位码细类总资产贡献率频数分布

资料来源：笔者根据韶关市统计局提供的四位码工业统计数据整理研究计算制表。

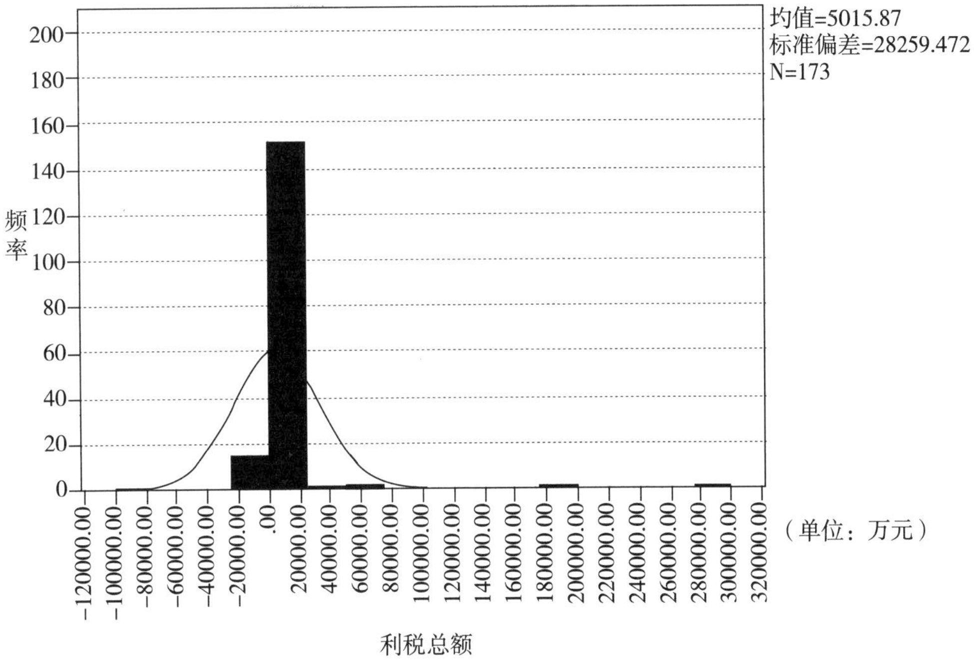

图 4-21　2010 年韶关市工业行业 4 位码细类利税总额频数分布

资料来源：笔者根据韶关市统计局提供的四位码工业统计数据整理研究计算制表。

表4-4列出了2010年韶关市工业行业4位码细类三项指标前20个行业和后20个行业。显然这为扩大经济发展总量和提高经济发展效益提供了产业的选择方向。需要特别说明的是，火力发电与铅锌冶炼历来都是韶关的利税总额大户，两个行业2010年三项主要经济指标都垫后有其特殊的原因。火力发电是由于正处于技改项目过程中，旧机组被撤除而新机组又尚未运行所致。铅锌冶炼则面临着巨大的环境压力，是通过技改和新型工业化来破解环境对这一行业的约束，还是对其进行彻底的调整？这是韶关面临的一项重大产业发展抉择。

表4-4　2010年韶关市工业行业4位码细类主要经济效益指标靠前靠后排名行业

排序前20个行业						
排名	行业	成本费用利润率（%）	行业	总资产贡献率（%）	行业	利税总额（万元）
1	0912 铅锌矿采选	140.02	1370 蔬菜、水果和坚果加工	231.43	1620 卷烟制造	296726
2	2740 中成药制造	98.49	1012 建筑装饰用石开采	118.07	0912 铅锌矿采选	186857
3	4412 水力发电	45.94	1534 含乳饮料和植物蛋白制造	118	3230 钢压延加工	72307
4	1534 含乳饮料制造	41.14	0912 铅锌矿采选	98.99	4412 水力发电	55667
5	1620 卷烟制造	34.84	3090 其他塑料制品制造	86.47	4420 电力供应	30511
6	0931 钨钼矿采选	31.87	1019 粘土及其他土砂石开采	84.96	1019 粘土及其他土砂石开采	23372
7	4320 非金属废料加工	30.65	2642 油墨及类似产品制造	82.72	0810 铁矿采选	17284
8	2666 环境专用药剂制造	30.34	1620 卷烟制造	81.59	1534 含乳饮料和植物制造	15549
9	2619 其他基础化学原料	23.65	3220 炼钢	77.63	2740 中成药制造	15442
10	1421 糖果、巧克力制造	23.5	1491 营养、保健食品制造	68.08	3460 金属表面处理及热加工	14586
11	1012 建筑装饰用石开采	22.73	4222 鬃毛加工、制刷制造	66.62	2619 其他基础化学原料制造	13401
12	4500 燃气生产和供应业	22.51	2661 化学试剂和助剂制造	61.52	3111 水泥制造	12283
13	3544 液压和气压动力制造	22	2120 竹、藤家具制造	59.21	3351 常用有色金属压延加工	10749
14	3699 其他专用设备制造	20.33	3340 有色金属合金制造	57.04	4320 非金属废料和碎屑处理	9793
15	2669 专用化学产品制造	19.3	1099 其他非金属矿采选	56.59	1491 营养、保健食品制造	9718
16	3090 其他塑料制品制造	18.75	2040 竹、藤、棕、草制品制造	52.31	3544 液压和气压动力制造	8992

续表

排名	行业	成本费用利润率（%）	行业	总资产贡献率（%）	行业	利税总额（万元）
排序后 20 个行业						
17	1019 粘土、土砂石开采	18.49	2641 涂料制造	52.07	2641 涂料制造	8838
18	1459 其他罐头食品制造	17.43	2412 笔的制造	51.74	3340 有色金属合金制造	7796
19	4222 鬃毛加工、制刷	17.13	1459 其他罐头食品制造	50.54	2664 炸药及火工产品制造	7182
20	2612 无机碱制造	16.55	3020 塑料板、管、型材的制造	49.23	3220 炼钢	6775
154	2190 其他家具制造	-1.8	2021 胶合板制造	1.82	4212 金属工艺品制造	14
155	1440 液体乳及乳制品制造	-1.84	2231 纸和纸板容器的制造	1.69	2624 复混肥料制造	10
156	3523 铸造机械制造	-2	2440 玩具制造	1.69	3070 塑料零件制造	7
157	0911 铜矿采选	-2.09	4155 计算器及货币专用设备制造	1.61	3922 电容器、配套设备制造	4
158	4610 自来水的生产和供应	-2.52	2190 其他家具制造	0.77	2730 中药饮片加工	-3
159	2221 机制纸及纸板制造	-3.63	3922 电容器及其配套设备制造	0.76	2021 胶合板制造	-10
160	3911 发电机及机组制造	-4.92	3911 发电机及发电机组制造	0.43	2190 其他家具制造	-15
161	3421 切削工具制造	-5.38	3523 铸造机械制造	0.4	1440 液体乳及乳制品制造	-29
162	4214 花画工艺品制造	-5.55	4212 金属工艺品制造	0.34	1532 瓶（罐）装饮用水制造	-33
163	2730 中药饮片加工	-5.71	4411 火力发电	0.25	3512 内燃机及配件制造	-192
164	4212 金属工艺品制造	-6.18	2221 机制纸及纸板制造	-0.04	3530 起重运输设备制造	-230
165	1532 瓶装饮用水制造	-6.99	3530 起重运输设备制造	-1.37	2221 机制纸及纸板制造	-403
166	3530 起重运输设备制造	-7.64	1440 液体乳及乳制品制造	-2.05	3339 其他稀有金属冶炼	-483
167	4411 火力发电	-8.1	1522 啤酒制造	-3.26	4214 花画工艺品制造	-502
168	3312 铅锌冶炼	-11.4	3489 其他日用金属制品制造	-3.28	3911 发电机及发电机组制造	-564
169	3512 内燃机及配件制造	-12.57	3512 内燃机及配件制造	-3.85	2330 记录媒介的复制	-717
170	3339 其他稀有金属冶炼	-12.62	4214 花画工艺品制造	-6.5	3489 其他日用金属制品制造	-1521
171	2330 记录媒介的复制	-25.47	3339 其他稀有金属冶炼	-6.56	1522 啤酒制造	-3395
172	3489 日用金属制品制造	-25.67	2330 记录媒介的复制	-6.81	4411 火力发电	-15730
173	1522 啤酒制造	-30.81	3312 铅锌冶炼	-12.66	3312 铅锌冶炼	-79480

资料来源：笔者根据韶关市统计局提供的四位码工业统计数据整理研究计算制表。

三、工业行业对资源的耗费分析

本节主要分析韶关工业行业对能源和水资源的消耗。首先分析韶关工业行业对能源的综合消耗。计算得到 2010 年韶关市工业行业 4 位码细类综合能耗总量、构成和单值能耗分别如图 4-22、图 4-23 和图 4-24 所示。

图中显示，综合能源消费量最大的行业是钢压延加工制造业，全年耗费能源量达到 359.1 万吨标准煤，占韶关工业行业全年耗能量的 54.55%。表 4-5 列出了韶关市工业行业耗能量靠前的 18 个行业，其累积耗能量占到韶关全市工业行业的 95.87%。表 4-6 列出了韶关市单值能耗靠前的 16 个行业。

表 4-5　韶关市综合能耗累积百分数在 95%以上的行业

序号	行业	综合能源消费量（吨标准煤）	百分数	累积百分数
1	3230 钢压延加工	3.59E+06	54.55%	54.55%
2	4411 火力发电	1.59E+06	24.10%	78.66%
3	3312 铅锌冶炼	3.98E+05	6.05%	84.71%
4	3111 水泥制造	3.42E+05	5.19%	89.89%
5	2612 无机碱制造	4.58E+04	0.70%	90.59%
6	3460 金属表面处理及热处理加工	4.40E+04	0.67%	91.26%
7	2619 其他基础化学原料制造	4.08E+04	0.62%	91.88%
8	2221 机制纸及纸板制造	3.38E+04	0.51%	92.39%
9	3591 钢铁铸件制造	3.24E+04	0.49%	92.88%
10	4320 非金属废料和碎屑的加工处理	3.09E+04	0.47%	93.35%
11	4062 印制电路板制造	2.91E+04	0.44%	93.80%
12	3351 常用有色金属压延加工	2.80E+04	0.43%	94.22%
13	3210 炼铁	2.23E+04	0.34%	94.56%

续表

序号	行业	综合能源消费量（吨标准煤）	百分数	累积百分数
14	4310 金属废料和碎屑的加工处理	2.08E+04	0.32%	94.88%
15	2440 玩具制造	1.97E+04	0.30%	95.18%
16	0912 铅锌矿采选	1.87E+04	0.28%	95.46%
17	1690 其他烟草制品加工	1.43E+04	0.22%	95.68%
18	4061 电子元件及组件制造	1.27E+04	0.19%	95.87%

资料来源：笔者根据韶关市统计局提供的四位码工业统计数据整理研究计算制表。

表 4-6　韶关市单值能耗高于广东省平均水平的行业（吨标准煤/万元）

1	*4411 火力发电*	*5.32*	9	3132 建筑陶瓷制品制造	1.01
2	*3111 水泥制造*	*3.18*	*10*	*4320 非金属废料和碎屑的加工处理*	*0.94*
3	3131 粘土砖瓦及建筑砌块制造	2.74	*11*	*1690 其他烟草制品加工*	*0.89*
4	*3230 钢压延加工*	*1.9*	12	1340 制糖	0.81
5	*2221 机制纸及纸板制造*	*1.35*	13	1712 棉、化纤印染精加工	0.8
6	2613 无机盐制造	1.27	*14*	*2619 其他基础化学原料制造*	*0.76*
7	*2612 无机碱制造*	*1.25*	15	3191 石墨及碳素制品制造	0.72
8	2730 中药饮片加工	1.09	*16*	*3210 炼铁*	*0.65*

资料来源：笔者根据韶关市统计局提供的四位码工业统计数据整理研究计算制表。

表 4-6 中斜粗体标注的 9 个行业的单值能耗总量很大，累积占到了韶关市工业行业能耗的 86.7%。因此，加大对这些行业的新型工业化改造是生态发展区发展绿色产业的重点内容。

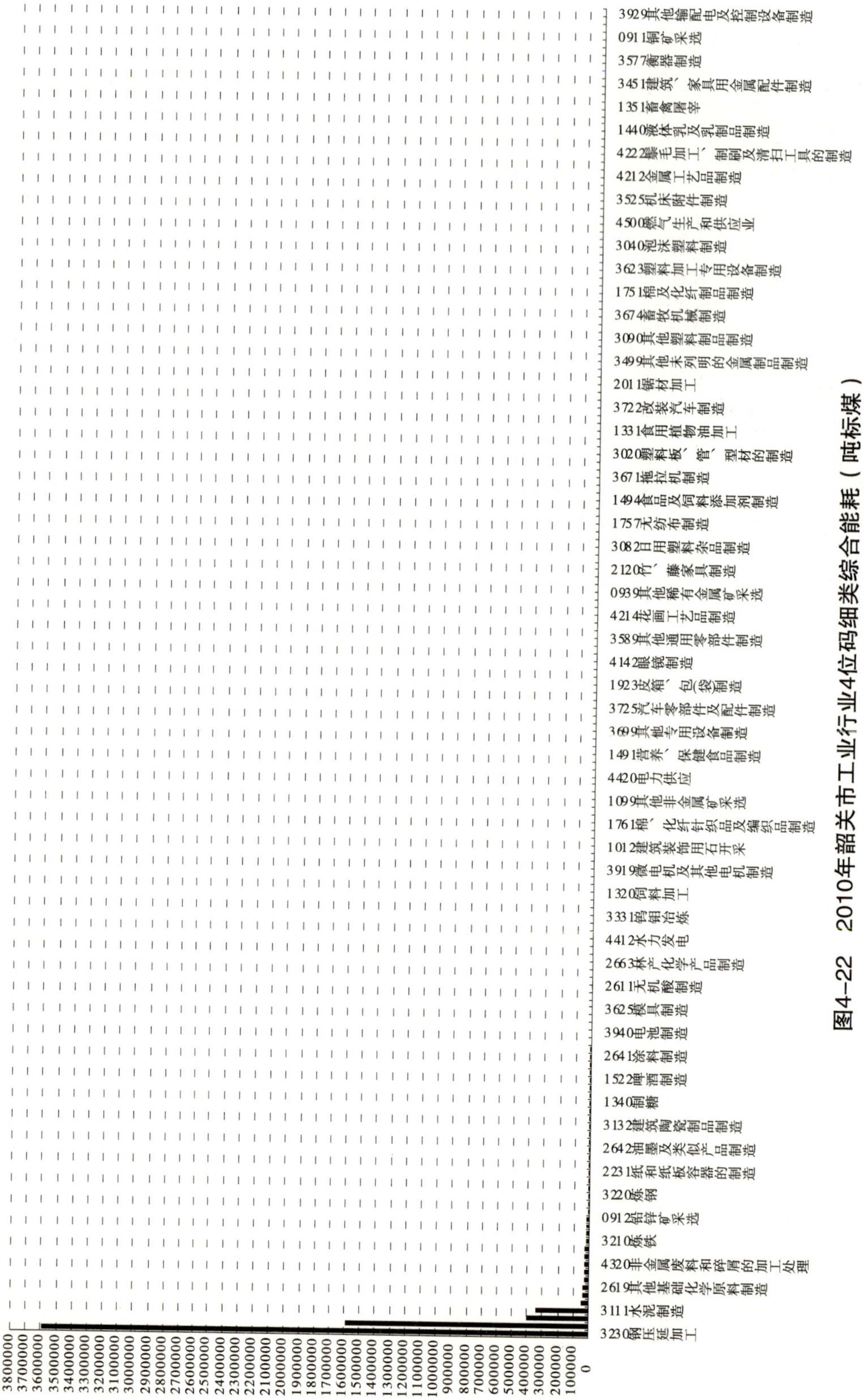

图4-22 2010年韶关市工业行业4位码细类综合能耗（吨标煤）

资料来源：笔者根据韶关市统计局提供的四位码工业统计数据整理研究计算绘制。

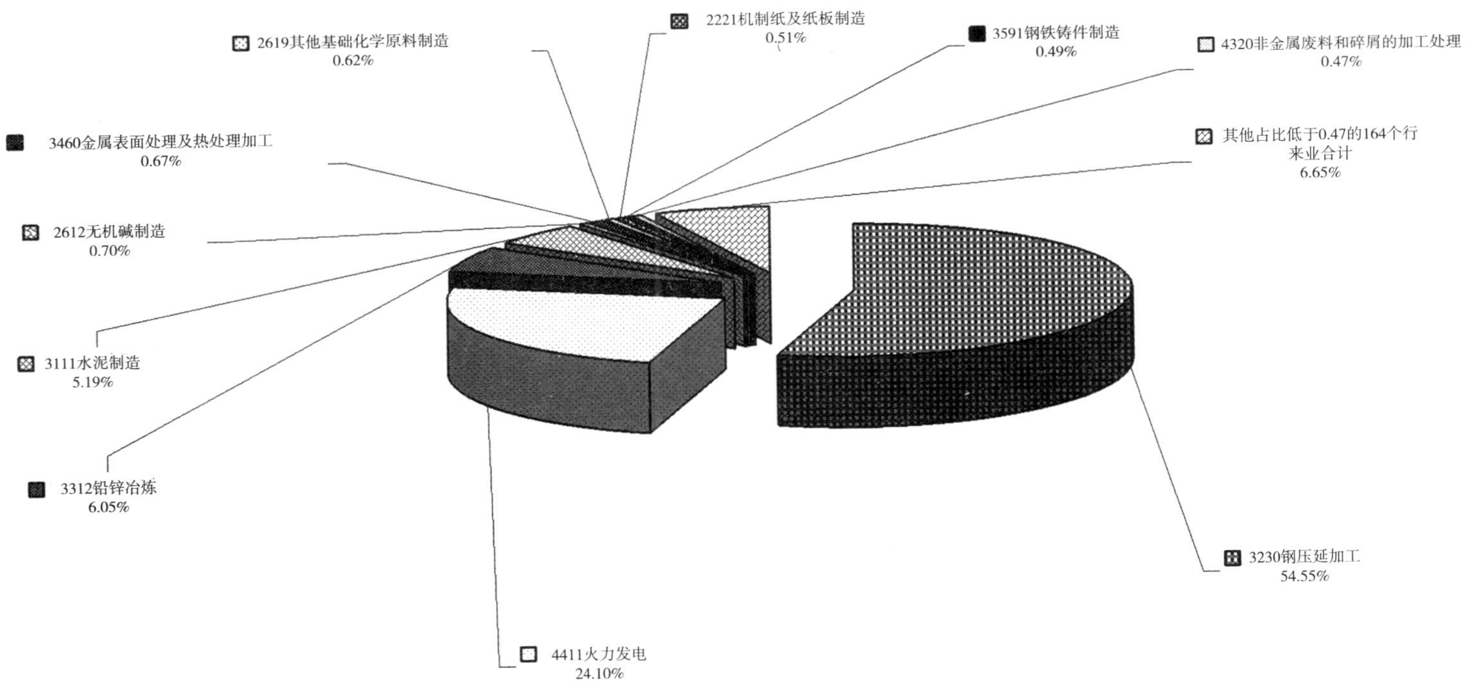

图4-23　2010年韶关市工业行业4位码细类综合能耗构成（%）

资料来源：笔者根据韶关市统计局提供的四位码工业统计数据整理研究计算绘制。

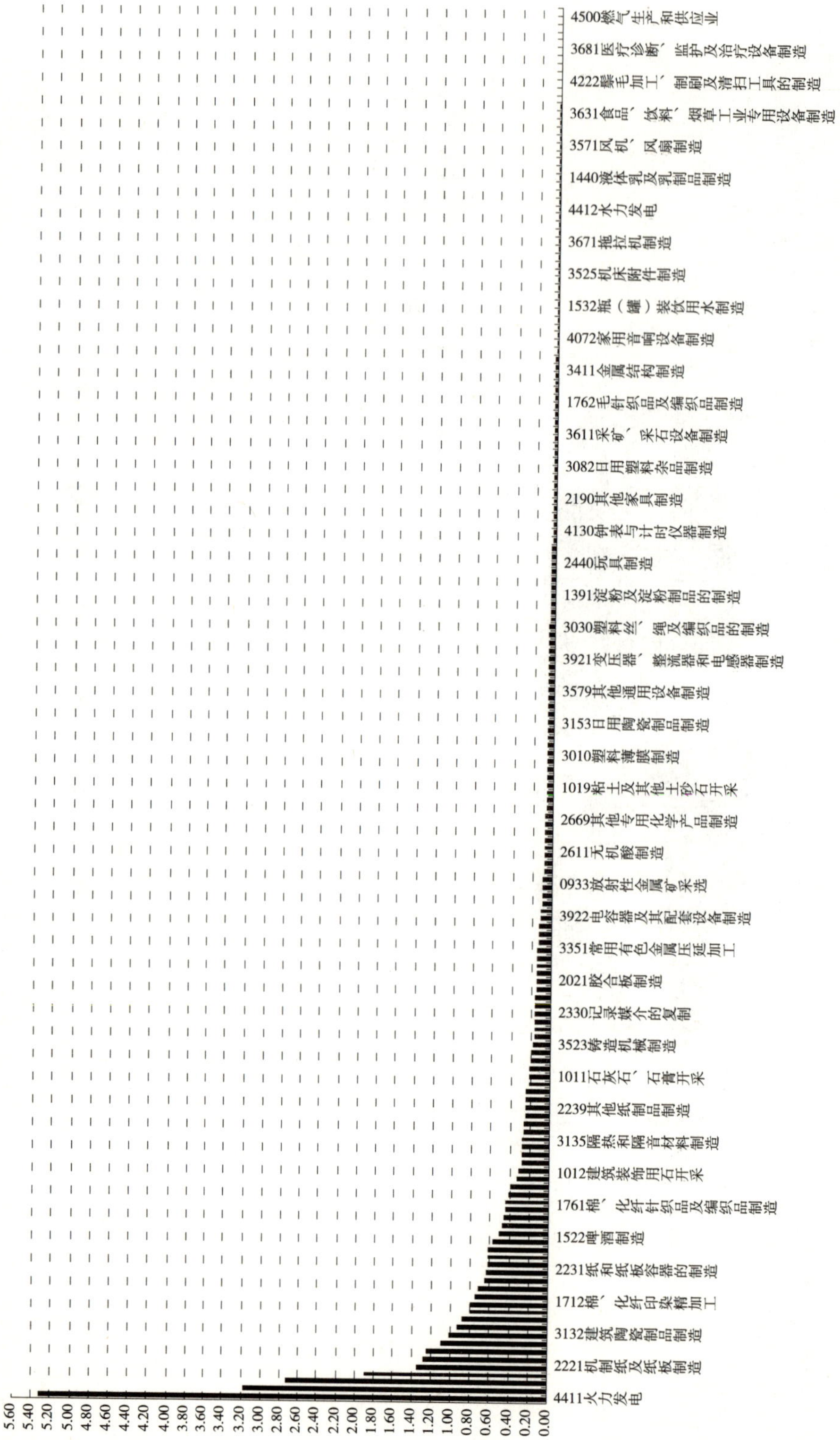

图4-24 2010年韶关市工业行业4位码细类单值能耗

资料来源：笔者根据韶关市统计局提供的四位码工业统计数据整理研究计算绘制。

其次分析韶关工业行业对水资源的消耗。计算得到2010年韶关市工业行业4位码细类消耗水资源总量、构成和单值水耗分别如图4-25、图4-26、图4-27所示。

图中显示，2010年韶关市工业企业消耗水资源总量达到286847778m³，平均万元工业产值耗水37m³，耗水量最大的行业是钢压延加工业，全年耗水量达到44175429m³，占韶关市全部工业企业耗水量的26.14%；其次是火力发电业，全年耗水量达到26759589m³，占韶关市全部工业企业耗水量的15.84%；第三是铅锌矿采选业，全年耗水19681820m³，占韶关市全部工业企业耗水量的11.65%。单值水耗最大的行业是棉、化纤印染精加工行业，万元产值耗水276m³；其次是机制纸及纸板制造，万元产值耗水175m³。减少对水资源的耗费或污染，关注的重点应该放在耗水量大或单值水耗大的行业。

在表4-7中，列出了2010年韶关市工业行业4位码细类消耗水资源总量累积百分比在95%以上的行业。在表4-8中，列出了2010年韶关市工业行业4位码细类单值水耗前32位的行业，其中斜粗体字18个行业也是耗水量较大的行业，是生态发展区实行水资源节约管理应重点关注的行业。

表4-7　2010年韶关市工业行业4位码细类耗水总量累积占95%以上的行业

	行业	取水量	百分比	累积百分比		行业	取水量	百分比	累积百分比
1	3230 钢压延加工	44175429	26.14%	26.14%	17	2643 颜料制造	1210272	0.72%	88.84%
2	4411 火力发电	26759589	15.84%	41.98%	18	1340 制糖	1196200	0.71%	89.54%
3	0912 铅锌矿采选	19681820	11.65%	53.62%	19	3940 电池制造	1188715	0.70%	90.25%
4	4412 水力发电	16044658	9.49%	63.12%	20	4061 电子元件及组件制造	1047380	0.62%	90.87%
5	3312 铅锌冶炼	8965097	5.31%	68.42%	21	0933 放射性金属矿采选	999390	0.59%	91.46%
6	3460 金属表面处理及热处理加工	6007968	3.56%	71.98%	22	1011 石灰石、石膏开采	828103	0.49%	91.95%
7	2221 机制纸及纸板制造	4378313	2.59%	74.57%	23	4420 电力供应	758544	0.45%	92.40%
8	1019 粘土及其他土砂石开采	4333561	2.56%	77.13%	24	2619 其他基础化学原料制造	679802	0.40%	92.80%
9	0810 铁矿采选	3877297	2.29%	79.43%	25	2740 中成药制造	626133	0.37%	93.17%
10	2440 玩具制造	3430188	2.03%	81.46%	26	1690 其他烟草制品加工	595812	0.35%	93.52%
11	4062 印制电路板制造	3108834	1.84%	83.30%	27	2612 无机碱制造	577797	0.34%	93.86%
12	3591 钢铁铸件制造	2579402	1.53%	84.82%	28	2022 纤维板制造	538181	0.32%	94.18%
13	1712 棉、化纤印染精加工	1681648	1.00%	85.82%	29	1522 啤酒制造	492578	0.29%	94.47%
14	0931 钨钼矿采选	1388254	0.82%	86.64%	30	1711 棉、化纤纺织加工	480068	0.28%	94.76%
15	2611 无机酸制造	1281406	0.76%	87.40%	31	1762 毛针织品及编织品制造	401098	0.24%	95.00%
16	3111 水泥制造	1218682	0.72%	88.12%	32	1534 含乳饮料和植物蛋白饮料制造	395395	0.23%	95.23%

资料来源：笔者根据韶关市统计局提供的四位码工业统计数据整理研究计算制表。

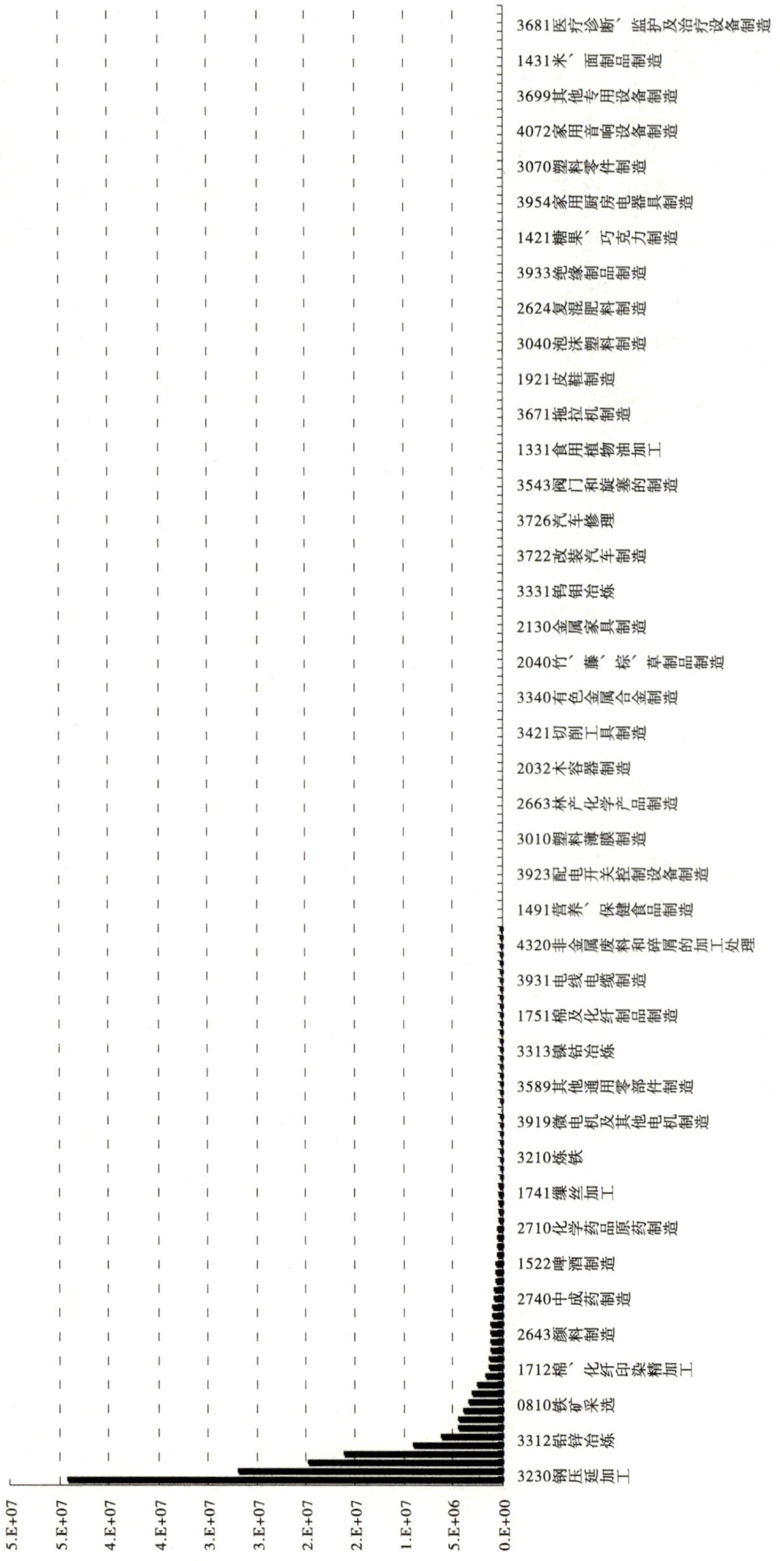

图4-25 2010年韶关市工业行业4位码细类取水量（吨）

资料来源：笔者根据韶关市统计局提供的四位码工业统计数据整理研究计算绘制。

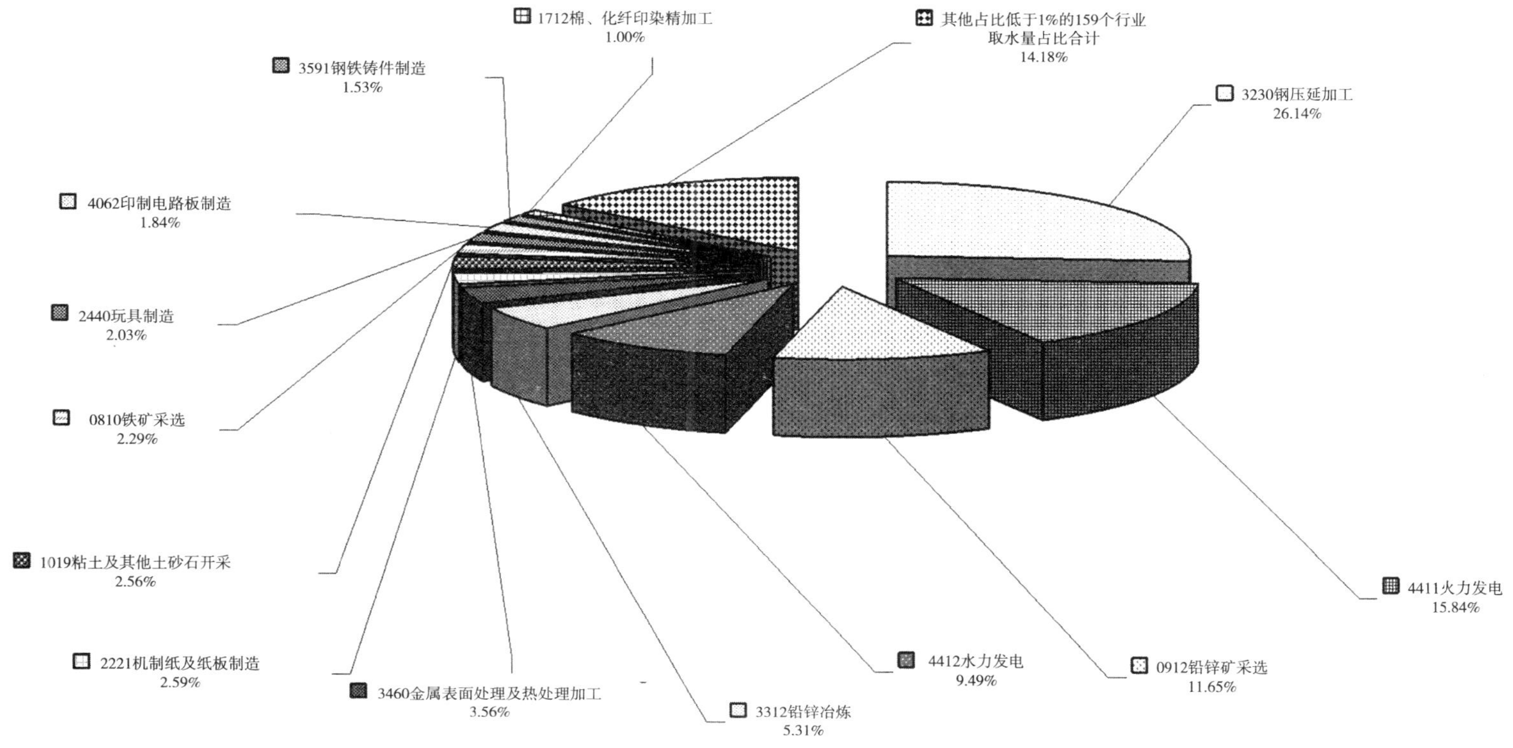

图4–26　2010年韶关市工业行业4位码细类取水量构成（%）

资料来源：笔者根据韶关市统计局提供的四位码工业统计数据整理研究计算绘制。

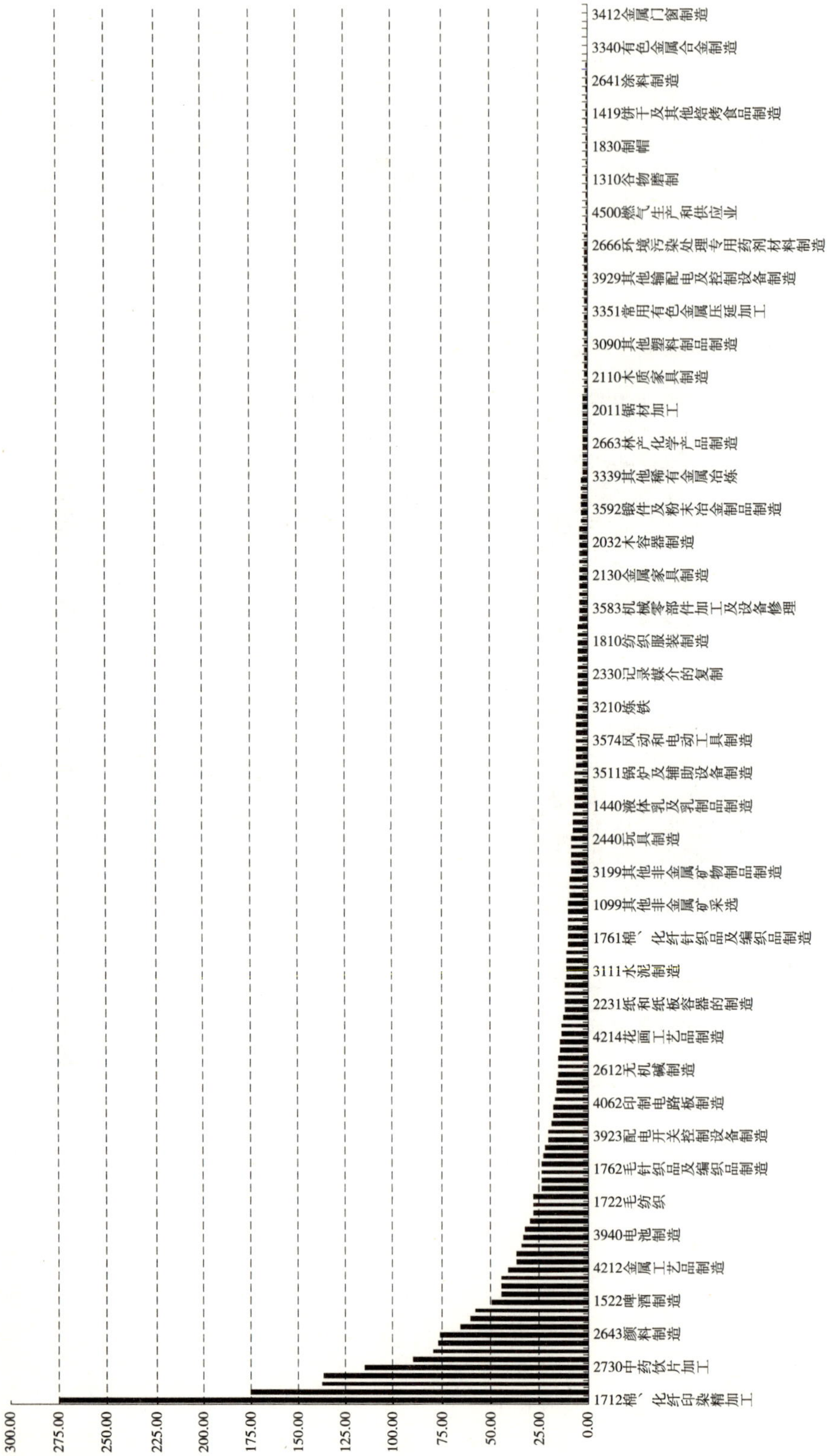

图4-27　2010年韶关市工业行业4位码细类单值水耗（m^3/万元）

资料来源：笔者根据韶关市统计局提供的四位码工业统计数据整理研究计算绘制。

表 4-8　2010 年韶关市工业行业 4 位码细类单值水耗前 32 位行业

序号	行业	单值水耗（M^3/万元）	序号	行业	单值水耗（M^3/万元）
1	1712 棉、化纤印染精加工	276	17	4212 金属工艺品制造	41
2	2221 机制纸及纸板制造	175	18	1690 其他烟草制品加工	37
3	4412 水力发电	138	19	2611 无机酸制造	37
4	1340 制糖	137	20	0933 放射性金属矿采选	35
5	2730 中药饮片加工	116	21	3940 电池制造	33
6	4411 火力发电	90	22	3460 金属表面处理及热处理加工	32
7	0931 钨钼矿采选	79	23	3132 建筑陶瓷制品制造	30
8	0912 铅锌矿采选	77	24	3313 镍钴冶炼	29
9	2643 颜料制造	76	25	1722 毛纺织	29
10	1011 石灰石、石膏开采	66	26	2710 化学药品原药制造	28
11	1751 棉及化纤制品制造	61	27	4130 钟表与计时仪器制造	24
12	2239 其他纸制品制造	59	28	1532 瓶（罐）装饮用水制造	24
13	1522 啤酒制造	50	29	1762 毛针织品及编织品制造	24
14	3512 内燃机及配件制造	45	30	2021 胶合板制造	24
15	0810 铁矿采选	45	31	3230 钢压延加工	23
16	1019 粘土及其他土砂石开采	44	32	3591 钢铁铸件制造	22

资料来源：笔者根据韶关市统计局提供的四位码工业统计数据整理研究计算制表。

四、工业行业的环境效应分析

由第一节的分析可知，三次产业过程对环境的“三废”污染排放首先来自于第二产业，其次来自于第三产业。而第二产业中，主要是工业污染所占比重极大，第三产业中，主要是交通运输业等。生态发展区三市污染排放总量在全省所占比例虽然较小，但是其单值能耗和单值污染排放却相当高，主要原因在于工业产业的内部结构失衡。了解与掌握工业行业的污染排放状况，对于生态发展区减排减污、发展绿色产业具有十分重要的意义。

图 4-28、图 4-29、图 4-30、图 4-31、图 4-32、图 4-33、图 4-34 分别是 2010 年韶关工业行业 4 位码细类单位产值的化学需氧量、氨氮、二氧化硫、氮氧化合物、烟尘、粉尘和废弃固体物的排放量。表 4-9、表 4-10 则列出了上述主要污染排放物累积排放量占 95%以上的行业。

图表中显示，韶关“三废”产生的工业行业较为集中在重化工业之中，主要是火力发电、炼铁、铅锌矿采选、铅锌冶炼、制糖、金属表面处理及热处理加工、畜禽屠宰、印制电路板制造、铁矿采选、常用有色金属压延加工、水泥制造、放射性金属矿采选、颜料制造等十几个行业。

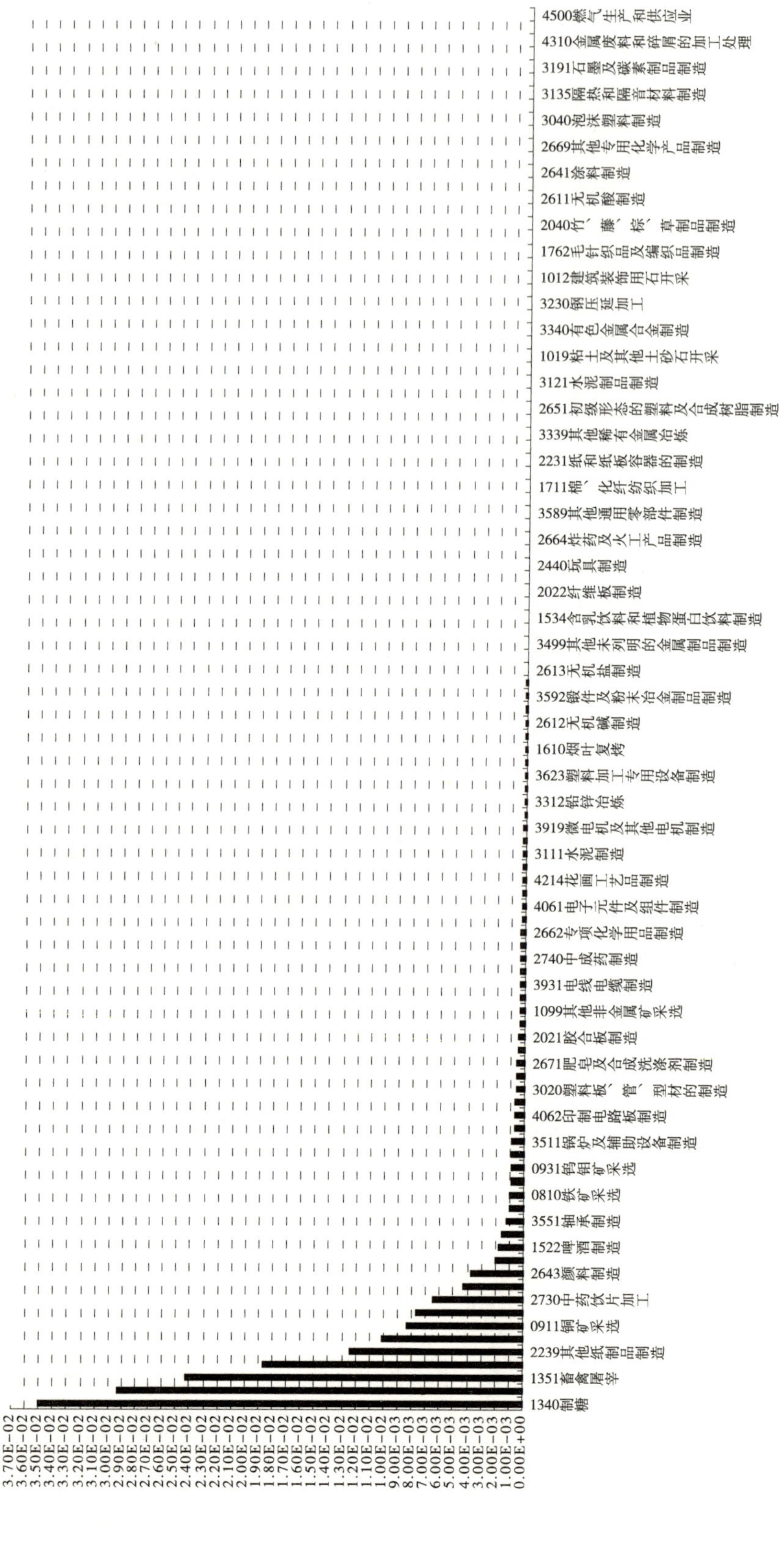

图4-28 2010年韶关市工业行业4位码细类单值化学需氧量排放量(吨/万元)

资料来源：笔者根据韶关市统计局提供的四位码工业统计数据整理研究计算绘制。

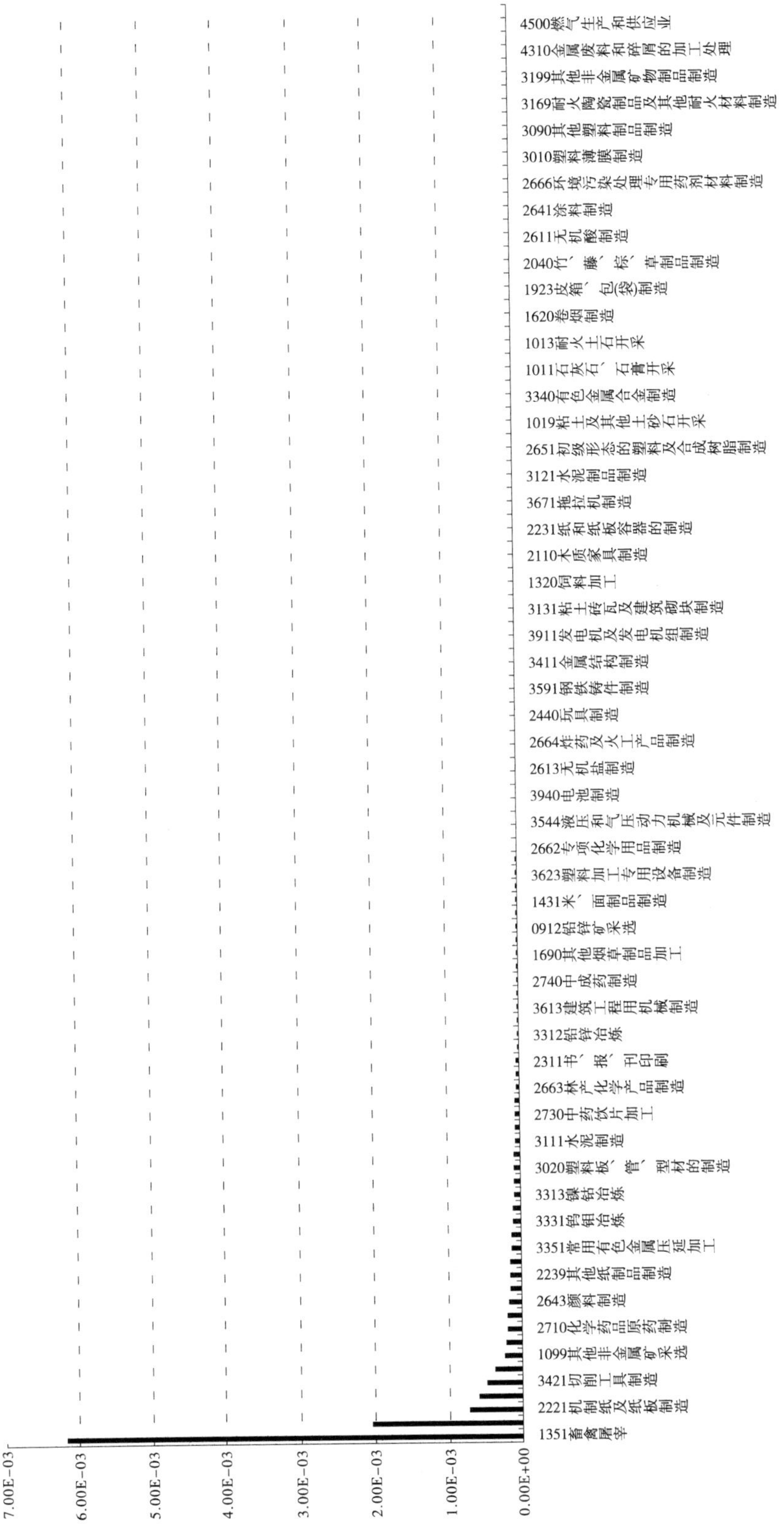

图4-29　2010年韶关市工业行业4位码细类单值氨氮排放量（吨/万元）

资料来源：笔者根据韶关市统计局提供的四位码工业统计数据整理研究计算绘制。

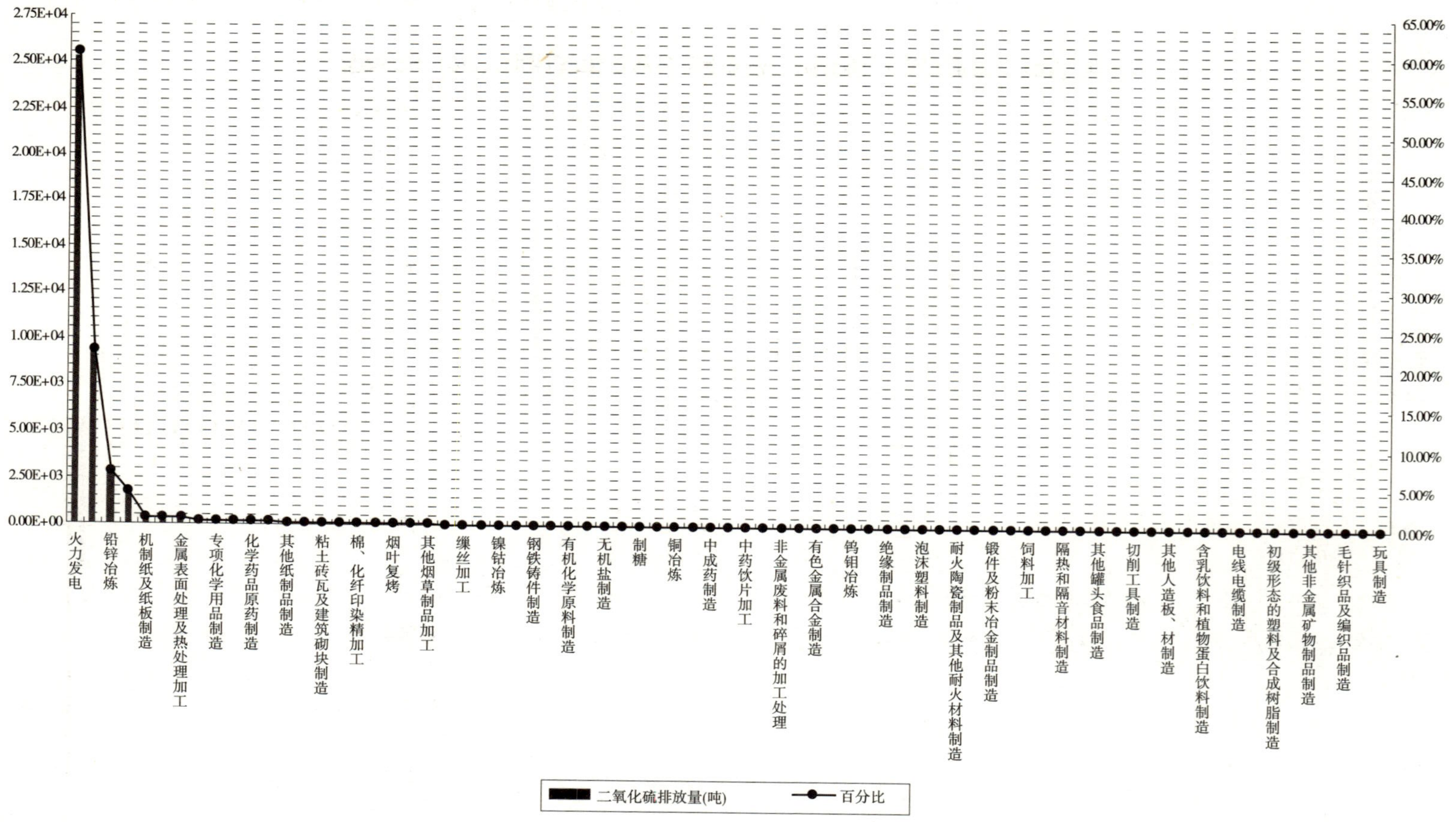

图4-30　2010年韶关市工业行业4位码细类单值二氧化硫排放量（吨/万元）

资料来源：笔者根据韶关市统计局提供的四位码工业统计数据整理研究计算绘制。

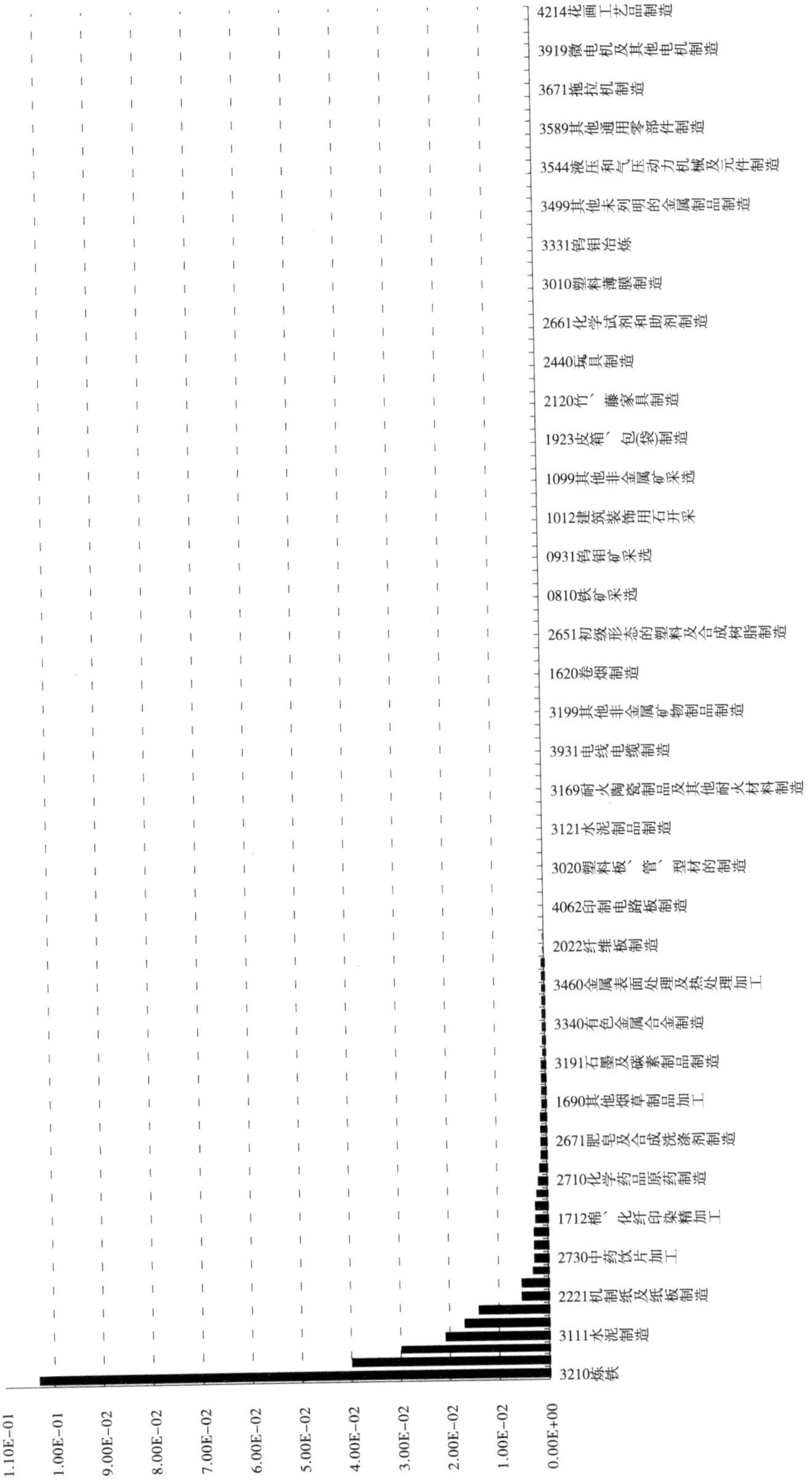

图4-31 2010年韶关市工业行业4位码细类单值氮氧化合物排放量（吨/万元）

资料来源：笔者根据韶关市统计局提供的四位码工业统计数据整理研究计算绘制。

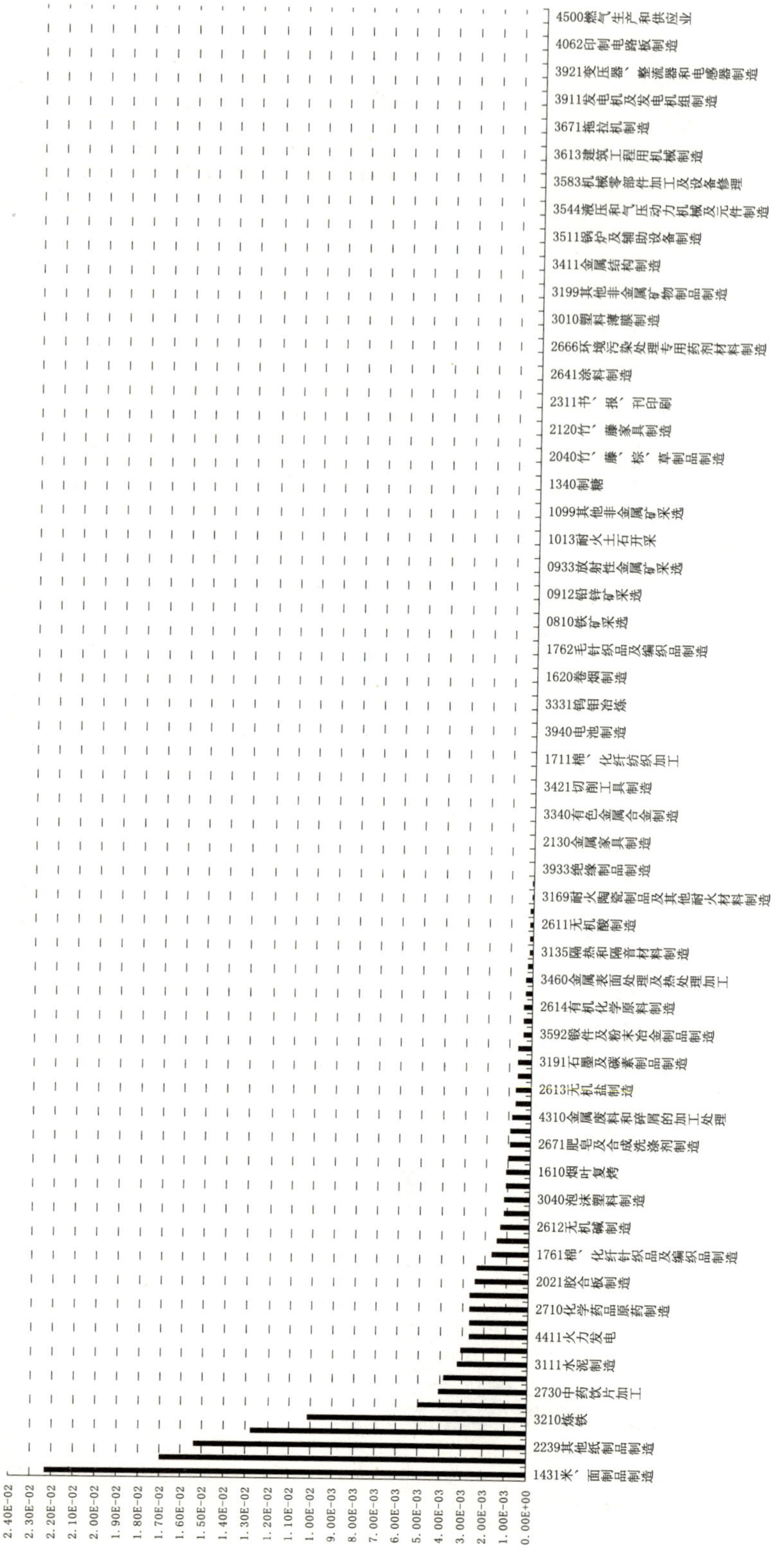

图4-32 2010年韶关市工业行业4位码细类单值烟尘排放量（吨/万元）

资料来源：笔者根据韶关市统计局提供的四位码工业统计数据整理研究计算绘制。

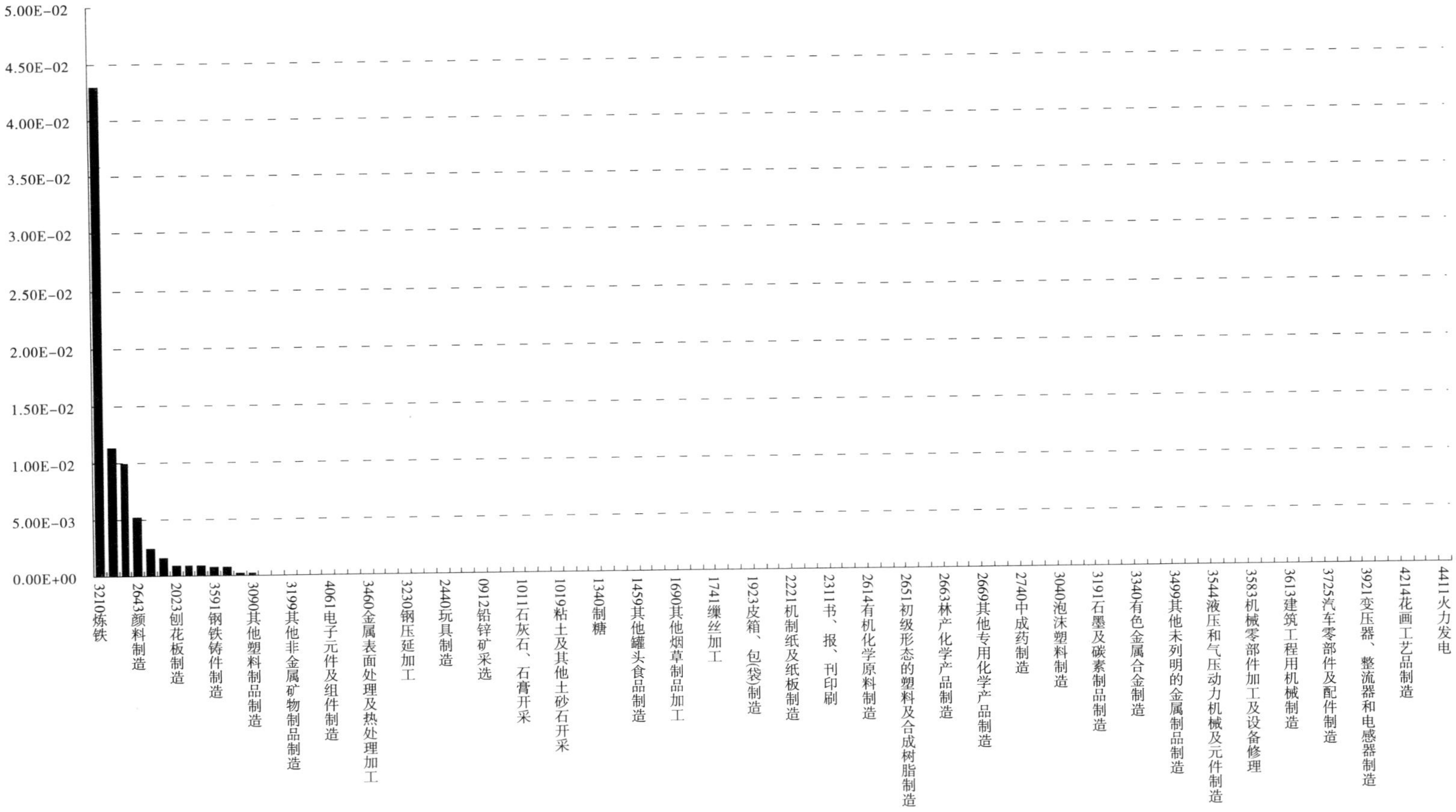

图4-33　2010年韶关市工业行业4位码细类单值工业粉尘排放量（吨/万元）

资料来源：笔者根据韶关市统计局提供的四位码工业统计数据整理研究计算绘制。

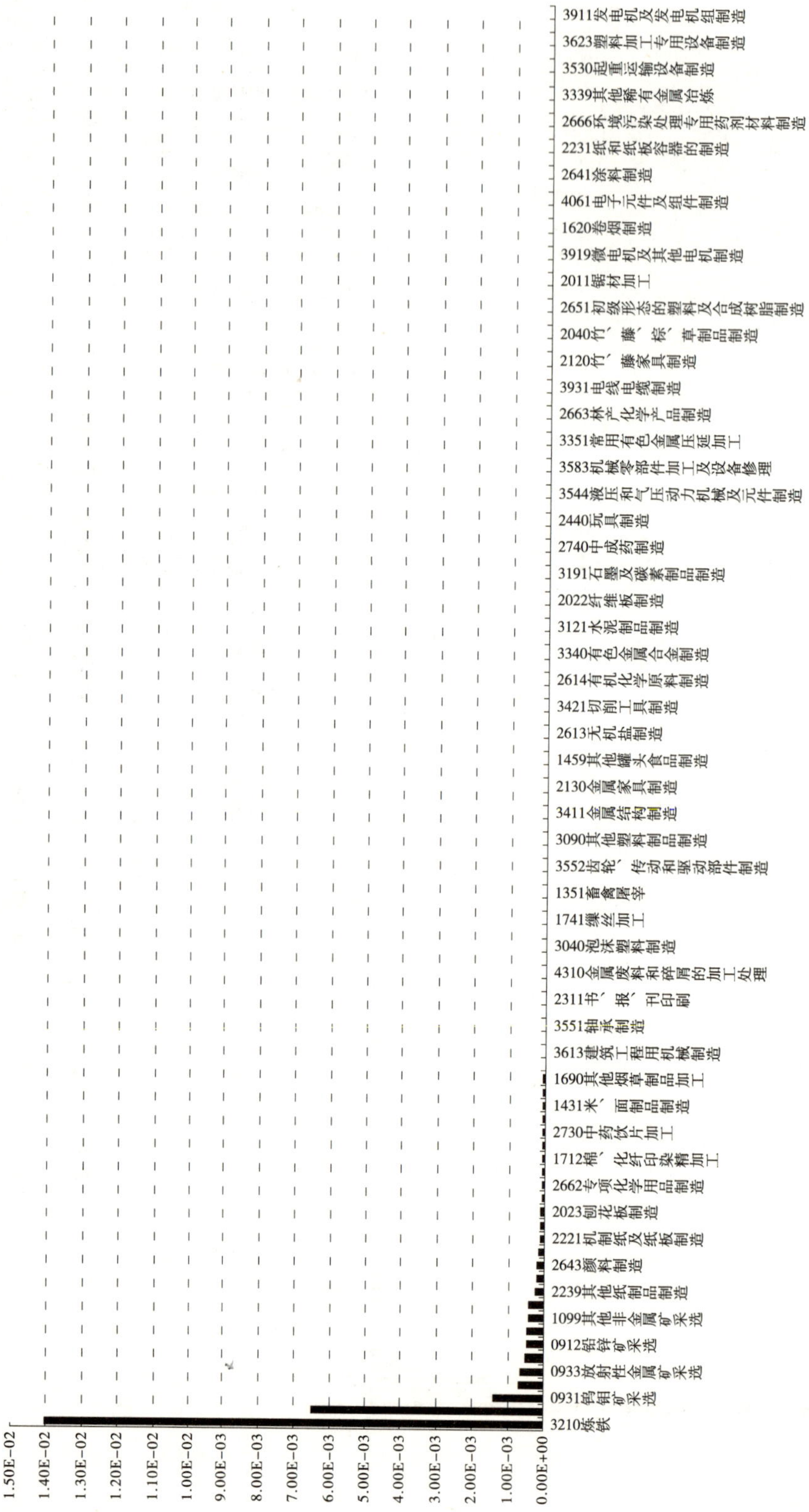

图4-34　2010年韶关市工业行业4位码细类单值工业固体废物产生量（万吨/万元）

资料来源：笔者根据韶关市统计局提供的四位码工业统计数据整理研究计算绘制。

表 4-9 2010 年韶关工业行业 4 位码细类“三废”排放累积百分比 95%以上的行业

序号	行业	化学需氧量排放量（吨）	百分比	累积百分比	行业	氨氮排放量（吨）	百分比	累积百分比	行业	二氧化硫排放量（吨）	百分比	累积百分比	行业	氮氧化物排放量（吨）	百分比	累积百分比
1	炼铁	1.01E+03	29.36%	29.36%	炼铁	7.07E+01	28.40%	28.40%	火力发电	2.53E+04	60.30%	60.30%	火力发电	1.18E+04	61.61%	61.61%
2	铅锌矿采选	5.02E+02	14.55%	43.91%	畜禽屠宰	3.25E+01	13.05%	41.45%	炼铁	9.23E+03	21.99%	82.29%	炼铁	3.56E+03	18.50%	80.11%
3	机制纸及纸板制造	4.65E+02	13.48%	57.38%	常用有色金属压延加工	2.57E+01	10.32%	51.77%	铅锌冶炼	2.74E+03	6.54%	88.83%	水泥制造	2.21E+03	11.48%	91.59%
4	制糖	3.06E+02	8.86%	66.24%	金属表面处理及热处理加工	2.11E+01	8.48%	60.25%	水泥制造	1.69E+03	4.03%	92.86%	铅锌冶炼	5.79E+02	3.01%	94.61%
5	金属表面处理及热处理加工	1.77E+02	5.13%	71.37%	铅锌冶炼	2.02E+01	8.11%	68.36%	机制纸及纸板制造	3.63E+02	0.87%	93.72%	专项化学用品制造	1.43E+02	0.74%	95.35%
6	畜禽屠宰	1.27E+02	3.69%	75.06%	机制纸及纸板制造	1.82E+01	7.30%	75.67%	电子工业专用设备制造	3.50E+02	0.83%	94.56%	机制纸及纸板制造	1.30E+02	0.68%	96.03%
7	印制电路板制造	1.18E+02	3.41%	78.47%	水泥制造	8.12E+00	3.26%	78.93%	金属表面处理及热处理加工	3.12E+02	0.74%	95.30%	无机碱制造	7.52E+01	0.39%	96.42%
8	铅锌冶炼	9.32E+01	2.70%	81.17%	制糖	5.16E+00	2.07%	81.00%	颜料制造	1.93E+02	0.46%	95.76%	非金属废料和碎屑的加工处理	7.01E+01	0.36%	96.78%
9	火力发电	8.31E+01	2.41%	83.57%	火力发电	4.25E+00	1.71%	82.71%	专项化学用品制造	1.79E+02	0.43%	96.19%	金属表面处理及热处理加工	6.48E+01	0.34%	97.12%
10	铁矿采选	8.23E+01	2.38%	85.95%	铅锌矿采选	3.65E+00	1.46%	84.17%	无机碱制造	1.57E+02	0.37%	96.56%	米、面制品制造	6.00E+01	0.31%	97.43%
11	颜料制造	5.88E+01	1.70%	87.66%	钨钼冶炼	3.44E+00	1.38%	85.55%	化学药品原药制造	1.40E+02	0.33%	96.90%	电子工业专用设备制造	4.81E+01	0.25%	97.68%
12	棉、化纤印染精加工	4.66E+01	1.35%	89.01%	印制电路板制造	3.09E+00	1.24%	86.79%	米、面制品制造	1.28E+02	0.30%	97.20%	钢铁铸件制造	4.25E+01	0.22%	97.90%
13	放射性金属矿采选	4.54E+01	1.31%	90.32%	颜料制造	2.88E+00	1.16%	87.95%	其他纸制品制造	9.61E+01	0.23%	97.43%	颜料制造	4.17E+01	0.22%	98.12%
14	常用有色金属压延加工	2.22E+01	0.64%	90.96%	缫丝加工	2.82E+00	1.13%	89.08%	金属废料和碎屑的加工处理	9.19E+01	0.22%	97.65%	有色金属合金制造	3.62E+01	0.19%	98.31%
15	水泥制造	2.17E+01	0.63%	91.59%	化学药品原药制造	2.80E+00	1.12%	90.21%	粘土砖瓦及建筑砌块制造	8.75E+01	0.21%	97.86%	啤酒制造	2.63E+01	0.14%	98.44%

资料来源：笔者根据韶关市统计局提供的四位码工业统计数据整理研究计算制表。

表 4-10　2010 年韶关工业行业 4 位码细类“三废”排放累积百分比 95%以上的行业

	行业	烟尘排放量（吨）	百分比	累积百分比	行业	工业粉尘排放量（吨）	百分比	累积百分比	行业	工业固体废物产生量（万吨）	百分比	累积百分比
1	火力发电	8.06E+02	22.05%	22.05%	炼铁	1.48E+03	44.77%	44.77%	炼铁	4.85E+02	51.37%	51.37%
2	铅锌冶炼	6.72E+02	18.39%	40.44%	水泥制造	1.06E+03	31.90%	76.67%	火力发电	1.45E+02	15.36%	66.74%
3	机制纸及纸板制造	4.26E+02	11.65%	52.09%	铅锌冶炼	4.27E+02	12.90%	89.57%	铅锌矿采选	1.17E+02	12.35%	79.09%
4	炼铁	3.50E+02	9.57%	61.65%	水泥制品制造	8.62E+01	2.60%	92.18%	铁矿采选	5.74E+01	6.09%	85.17%
5	水泥制造	3.43E+02	9.38%	71.04%	钢铁铸件制造	8.57E+01	2.59%	94.77%	铅锌冶炼	4.13E+01	4.38%	89.55%
6	石灰和石膏制造	1.92E+02	5.24%	76.28%	颜料制造	8.10E+01	2.45%	97.21%	钨钼矿采选	2.44E+01	2.59%	92.14%
7	钢铁铸件制造	7.30E+01	2.00%	78.28%	胶合板制造	4.20E+01	1.27%	98.48%	放射性金属矿采选	1.84E+01	1.95%	94.09%
8	电子工业专用设备制造	6.49E+01	1.77%	80.06%	刨花板制造	1.74E+01	0.52%	99.00%	无机酸制造	1.51E+01	1.60%	95.70%
9	金属表面处理及热处理加工	5.88E+01	1.61%	81.67%	肥皂及合成洗涤剂制造	1.00E+01	0.30%	99.31%	铜矿采选	7.99E+00	0.85%	96.54%
10	刨花板制造	5.11E+01	1.40%	83.06%	无机盐制造	5.81E+00	0.18%	99.48%	其他非金属矿物制品制造	3.80E+00	0.40%	96.95%
11	无机碱制造	4.81E+01	1.32%	84.38%	石灰和石膏制造	4.04E+00	0.12%	99.60%	钢铁铸件制造	2.85E+00	0.30%	97.25%
12	米、面制品制造	4.52E+01	1.24%	85.62%	粘土砖瓦及建筑砌块制造	2.70E+00	0.08%	99.69%	颜料制造	2.73E+00	0.29%	97.54%
13	粘土砖瓦及建筑砌块制造	4.30E+01	1.18%	86.79%	电池制造	1.82E+00	0.06%	99.74%	其他非金属矿采选	2.44E+00	0.26%	97.80%
14	专项化学用品制造	4.29E+01	1.17%	87.97%	卷烟制造	1.76E+00	0.05%	99.79%	机制纸及纸板制造	2.20E+00	0.23%	98.03%
15	缫丝加工	4.02E+01	1.10%	89.07%	钢压延加工	1.56E+00	0.05%	99.84%	金属表面处理及热处理加工	1.78E+00	0.19%	98.22%

资料来源：笔者根据韶关市统计局提供的四位码工业统计数据整理研究计算制表。

五、实现生态资源环境与经济协调发展的产业选择

绿色发展的产业安排应该科学综合地考虑上述各行业的经济效益指标、资源耗费指标和“三废”排放指标，选择经济效益高、资源耗费少、环境污染低的产业。以利税总额、总资产贡献率、成本费用利润率来表征各行业的经济效益，以单值能耗和单值水资源耗费来表征各行业对资源的耗费状况，以“三废”排放量的 7 项指标来表征各行业对环境的污染程度。应用多元统计的因子分析技术来综合测算 2010 年韶关各行业的经济资源环境综合效益。表 4-11 是上述所选择的 12 个指标的相关系数矩阵，表 4-12 是进一步对相关系数矩阵做的巴特利特（Bartlett）球形检验和 Kaiser-Meyer-Olikin 检验。相关系数中较多数值都大于 0. 3，两个检验也说明在 0. 000 的显著性水平下，12 个指标间具有较强的相关性，宜于做因子分析。

表 4-11　2010 年韶关工业 4 位码细类行业经济、资源、环境指标的相关系数矩阵

	利润总额	总资产贡献率	成本费用利润率	单值水耗	单值能耗	单值化学需氧量排放量	单值氨氮排放量	单值氮氧化物排放量	单值烟尘排放量	单值工业粉尘排放量	单值工业固体废物产生量	单值二氧化硫排放量
利税总额	1. 000	. 419	. 529	-. 027	. 051	. 038	. 035	. 050	. 071	. 025	. 013	. 055
总资产贡献率	. 419	1. 000	. 640	. 113	. 159	. 116	. 046	. 085	. 132	. 067	. 052	. 099
成本费用利润率	. 529	. 640	1. 000	-. 008	. 123	. 090	. 077	. 080	. 081	. 063	. 032	. 087
单值水耗	-. 027	. 113	-. 008	1. 000	. 315	. 426	. 056	. 056	. 262	-. 026	-. 020	. 089
单值能耗	. 051	. 159	. 123	. 315	1. 000	. 089	-. 011	. 362	. 268	. 133	. 034	. 301
单值化学需氧量排放	. 038	. 116	. 090	. 426	. 089	1. 000	. 633	. 492	. 472	. 451	. 496	. 532
单值氨氮排放量	. 035	. 046	. 077	. 056	-. 011	. 633	1. 000	. 250	. 179	. 272	. 280	. 262
单值氮氧化物排放量	. 050	. 085	. 080	. 056	. 362	. 492	. 250	1. 000	. 498	. 854	. 789	. 979
单值烟尘排放量	. 071	. 132	. 081	. 262	. 268	. 472	. 179	. 498	1. 000	. 262	. 215	. 527
单值工业粉尘排放量	. 025	. 067	. 063	-. 026	. 133	. 451	. 272	. 854	. 262	1. 000	. 840	. 853
Zscore（单值工业固体废物产生量）	. 013	. 052	. 032	-. 020	. 034	. 496	. 280	. 789	. 215	. 840	1. 000	. 812
Zscore（A 单值二氧化硫排放量）	. 055	. 099	. 087	. 089	. 301	. 532	. 262	. 979	. 527	. 853	. 812	1. 000

资料来源：笔者根据韶关市统计局提供的四位码工业统计数据整理研究计算制表。

表 4-12 相关系数矩阵的 KMO 和 Bartlett 的检验

KMO 和 Bartlett 的检验		
取样足够度的 Kaiser-Meyer-Olkin 度量		.726
Bartlett 的球形度检验	近似卡方	959.896
	df	66
	Sig.	.000

资料来源：笔者根据韶关市统计局提供的四位码工业统计数据整理研究计算制表。

通过主成分法，得到能够解释原始指标 88.64%信息的 6 个因子。如表 4-13 和图 4-35 所示。

表 4-13 主成分对总方差的解释度

	主成分	初始特征值[a]			提取平方和载入			旋转平方和载入		
		合计	方差的%	累积%	合计	方差的%	累积%	合计	方差的%	累积%
原始	1	4.451	37.092	37.092	4.451	37.092	37.092	3.689	30.739	30.739
	2	2.070	17.248	54.339	2.070	17.248	54.339	2.073	17.276	48.016
	3	1.502	12.515	66.854	1.502	12.515	66.854	1.438	11.982	59.998
	4	1.246	10.382	77.236	1.246	10.382	77.236	1.215	10.122	70.120
	5	.702	5.849	83.085	.702	5.849	83.085	1.138	9.481	79.601
	6	.666	5.551	88.636	.666	5.551	88.636	1.084	9.035	88.636
	7	.573	4.775	93.411						
	8	.333	2.773	96.183						
	9	.187	1.560	97.744						
	10	.142	1.185	98.929						
	11	.112	.933	99.862						
	12	.017	.138	100.000						

续表

	主成分	初始特征值[a]			提取平方和载入			旋转平方和载入		
		合计	方差的%	累积%	合计	方差的%	累积%	合计	方差的%	累积%
重新标度	1	4.451	37.092	37.092	4.451	37.092	37.092	3.689	30.739	30.739
	2	2.070	17.248	54.339	2.070	17.248	54.339	2.073	17.276	48.016
	3	1.502	12.515	66.854	1.502	12.515	66.854	1.438	11.982	59.998
	4	1.246	10.382	77.236	1.246	10.382	77.236	1.215	10.122	70.120
	5	.702	5.849	83.085	.702	5.849	83.085	1.138	9.481	79.601
	6	.666	5.551	88.636	.666	5.551	88.636	1.084	9.035	88.636
	7	.573	4.775	93.411						
	8	.333	2.773	96.183						
	9	.187	1.560	97.744						
	10	.142	1.185	98.929						
	11	.112	.933	99.862						
	12	.017	.138	100.000						
提取方法：主成分分析。										
a. 分析协方差矩阵时，初始特征值在整个原始解和重标刻度解中均相同。										

资料来源：笔者根据韶关市统计局提供的四位码工业统计数据整理研究计算制表。

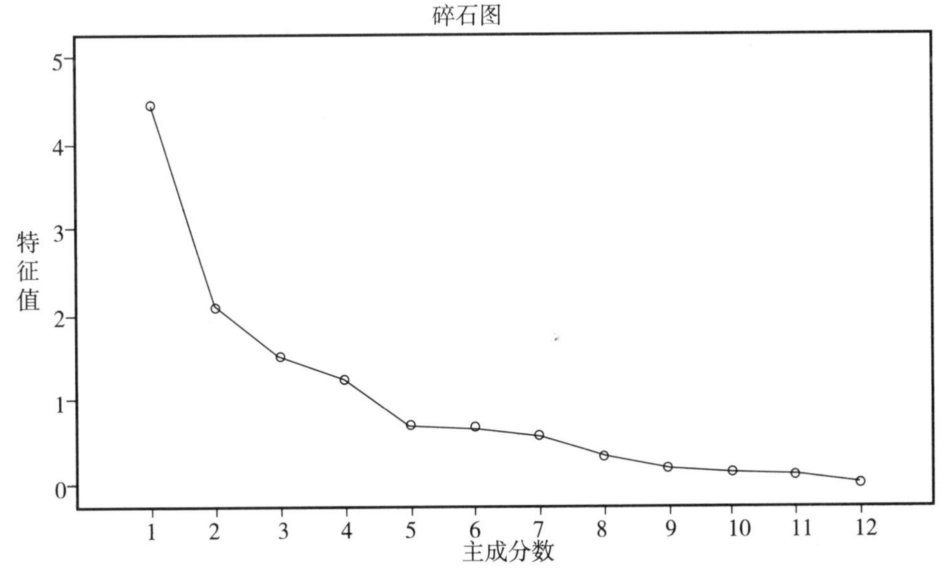

图 4-35　因子分析碎石图

资料来源：笔者根据韶关市统计局提供的四位码工业统计数据整理研究计算绘制。

通过方差极大法对因子矩阵进行旋转得到表 4-14，由此可以得到相互独立的因子变量 F_1、F_2、F_3、F_4、F_5、F_6。

表 4-14 因子载荷矩阵的旋转矩阵

旋转成分矩阵[a]												
	原始						重新标度					
	成分						成分					
	1	2	3	4	5	6	1	2	3	4	5	6
Zscore（利税总额）	-.014	.771	.004	-.134	.159	-.057	-.014	.771	.004	-.134	.159	-.057
Zscore（总资产贡献率）	.062	.828	-.009	.194	-.045	.080	.062	.828	-.009	.194	-.045	.080
Zscore（成本费用利润率）	.033	.879	.068	-.024	-.029	.081	.033	.879	.068	-.024	-.029	.081
Zscore（单值水耗）	-.033	.003	.054	.947	.122	.168	-.033	.003	.054	.947	.122	.168
Zscore（单值能耗）	.128	.084	-.025	.159	.109	.958	.128	.084	-.025	.159	.109	.958
Zscore（单值化学需氧量排放）	.420	.057	.652	.455	.277	-.085	.420	.057	.652	.455	.277	-.085
Zscore（单值氨氮排放量）	.154	.032	.968	-.023	.027	.007	.154	.032	.968	-.023	.027	.007
Zscore（单值氮氧化物排放量）	.905	.034	.098	-.004	.272	.242	.905	.034	.098	-.004	.272	.242
Zscore（单值烟尘排放量）	.249	.068	.108	.160	.916	.121	.249	.068	.108	.160	.916	.121
Zscore（单值工业粉尘排放量）	.943	.028	.120	-.021	.005	.019	.943	.028	.120	-.021	.005	.019
Zscore（单值工业固体废物产生量）	.931	.010	.145	.033	-.042	-.114	.931	.010	.145	.033	-.042	-.114
Zscore（A 单值二氧化硫排放量）	.911	.046	.107	.042	.299	.165	.911	.046	.107	.042	.299	.165
提取方法：主成分。 旋转法：具有 Kaiser 标准化的正交旋转法。												
a. 旋转在 6 次迭代后收敛。												

资料来源：笔者根据韶关市统计局提供的四位码工业统计数据整理研究计算制表。

根据表 4-14 可以对 6 个因子确立其明确的现实意义：F_1 主要表示行业的氮氧化物、粉尘、二氧化硫和固体废物排放；F_2 主要表示行业的经济总量与效益；F_3 主要表示行业的氨氮、化学需氧量排放；F_4 主要表示行业的水资源耗费；F_5 主要表示行业的烟尘排放；F_6 主要表示行业的能源耗费。运用回归分析方法，计算得到 4 位码细类各行业的因子得分如表 4-15 所示。以各因子方差对总方差的解释程度作为权数，也即分别以表 4-13 中的 0.30739、0.17276、0.11982、0.10122、0.09481 和 0.09035 为权数，按照式 4-1

$$f_{pi} = \sum_{i=1}^{6} \omega_{pi} F_{pi} \qquad (p=1, 2, 3, 4, \cdots, 107) \tag{4-1}$$

计算得到各行业的经济、资源、环境综合效益得分。

$$f_{pi} = \sum_{i=1}^{6} \omega_i F_i = 0.30739F_{p1} + 0.17276F_{p2} + 0.11982F_{p3} + 0.10122F_{p4} + 0.09481F_{p5} + 0.09035F_{p6} \qquad (p=1, 2, 3, 4, \cdots, 107)$$

如图 4-36 所示，并列入表 4-16 和表 4-17 中。表 4-16 中的各行业是综合分在平均分之上的行业，属经济资源环境综合评价优良的行业。表 4-17 中的各行业的综合分在平均分之下，理论上属综合评价较差的行业。如前所述，火力发电和铅锌冶炼尚需特别进行评价。

六、产业选择的效应分析

通过计算得到，选择经济与生态资源环境综合效益优良的工业行业作为绿色产业发展，在现有条件下，可以保证原利税总额的 88.31%，而水资源耗费可节省近 62.157%、能源耗费可节省 93.867%多、化学需氧量排放量可下降 68.06%、氨氮排放量可下降 68.944%、二氧化硫排放量可下降 98.095%、氮氧化物排放量可下降 98.186%、烟尘排放量减少 88.226%、工业粉尘排放量可减少 94.023%、工业固体废物产生量可减少 73.324%。

根据弹性公式：

$$\eta = \frac{\frac{\Delta y}{y}}{\frac{\Delta x}{x}}$$

计算得到：能源耗费对利税的弹性为 8.03、水资源耗费对利税的弹性为 5.32、化学需氧量排放对利税的弹性为 5.82、氨氮排放对利税的弹性为 5.90、二氧化硫排放对利税的弹性为 8.39、氮氧化物排放对利税的弹性为 8.40、工业烟尘排放对利税的弹性为 7.55、工业粉尘排放对利税的弹性为 8.04、工业固体废物产生量对利税的弹性为 6.27。弹性是一个变量对另一个变量变化的反应程度或敏感程度，即对于函数 y=f（x），当自变量每变化 1%时，因变量变化的百分数。所以在原有条件下，通过产业选择后，利税每下降 1%，能源耗费可下降 8.03%、水资源耗费可下降 5.32%、化学需氧量排放可减少 5.82%、氨氮排放可减少 5.9%、二氧化硫排放可减少 8.39%、氮氧化物排放可减少 8.4%、工业烟尘排放可减少 7.55%、工业粉尘排放可减少 8.04%、工业固体废物产生量可减少 6.27%。具体计算列入表 4-18 中。可见生态发展区现有产业资源耗费与污染排放对于利税的变动都是非常富有弹性的，通过对工业行业的优化选择或结构调整可带来巨大的经济生态环境综合效益。

表 4-15 2010 年韶关工业行业 4 位码细类因子得分

0810 铁矿采选	0911 铜矿采选	0912 铅锌矿采选	0931 钨钼矿采选	0933 放射性金属矿采选	1011 石灰石、石膏开采	1012 建筑装饰用石开采	1013 耐火土石开采	1019 粘土及其他土砂石开采	1099 其他非金属矿采选	1310 谷物磨制	1320 饲料加工	1340 制糖	1351 畜禽屠宰	1431 米、面制品制造	1459 其他罐头食品制造	1522 啤酒制造	1534 含乳饮料和植物蛋白饮料制造	1610 烟叶复烤	1620 卷烟制造	1690 其他烟草制品加工	1711 棉、化纤纺织加工	1712 棉、化纤印染精加工	1741 缫丝加工	1761 棉、化纤针织品及编织品制造	1762 毛针织品及编织品制造	
-0.025	-1.293	-0.151	-0.167	-0.015	0.204	0.259	0.102	0.194	0.149	0.108	0.135	0.250	1.505	-0.287	0.175	0.099	0.241	0.126	-0.179	0.178	0.125	0.188	0.229	0.156	0.123	
0.012	-0.627	6.244	0.755	-0.163	-0.123	1.855	0.028	1.459	0.664	-0.256	-0.163	-0.315	-0.029	0.358	0.618	-1.360	2.432	0.018	4.696	-0.218	-0.345	-0.313	-0.240	-0.506	-0.321	
0.241	-0.523	0.269	0.461	0.170	0.384	-0.122	0.174	0.135	-0.229	0.193	0.147	-2.482	-9.577	0.368	0.068	0.036	-0.046	0.209	-0.152	0.217	0.178	0.407	-0.011	0.106	0.270	
-0.768	-0.420	-1.956	-1.485	-0.579	-0.968	1.232	0.351	-0.174	0.557	0.347	0.455	-4.362	1.331	0.950	0.585	-0.700	0.903	0.213	-0.444	-0.334	0.269	-6.147	0.162	0.216	-0.184	
0.555	1.328	0.382	0.468	0.466	0.009	-0.486	0.206	-0.033	0.063	0.242	0.173	0.473	0.118	-6.873	-0.100	0.425	-0.509	-0.043	1.375	0.242	0.283	0.435	-0.421	-0.086	0.324	
0.356	1.394	0.160	0.628	0.452	0.229	-0.097	0.053	0.272	0.097	0.366	0.352	0.501	-0.417	0.881	0.275	-0.364	0.070	-0.109	-0.599	-0.757	0.303	-0.031	0.082	-0.154	0.406	
1923 皮箱、包(袋)制造	2011 锯材加工	2021 胶合板制造	2022 纤维板制造	2023 刨花板制造	2040 竹、藤、棕、草制品制造	2110 木质家具制造	2120 竹、藤家具制造	2130 金属家具制造	2221 机制纸及纸板制造	2231 纸和纸板容器的制造	2239 其他纸制品制造	2311 书、报、刊印刷	2440 玩具制造	2611 无机酸制造	2612 无机碱制造	2613 无机盐制造	2614 有机化学原料制造	2619 其他基础化学原料制造	2641 涂料制造	2643 颜料制造	2651 初级形态的塑料及合成树脂制造	2661 化学试剂和助剂制造	2662 专项化学用品制造	2663 林产化学产品制造	2664 炸药及火工产品制造	2666 环境污染处理专用药剂材料制造
0.115	0.232	-0.654	0.135	0.131	0.170	0.138	0.181	0.139	0.695	0.162	-0.243	0.125	0.111	0.021	0.170	-0.065	0.105	0.167	0.166	-0.325	0.150	0.186	-0.237	0.155	0.156	0.140
-0.541	-0.337	-0.578	-0.143	-0.317	0.557	-0.253	0.649	-0.542	-0.471	-0.591	-0.437	-0.527	-0.536	-0.356	0.060	-0.289	-0.520	0.439	0.642	-0.247	0.123	0.742	-0.351	-0.013	0.513	0.702
0.240	0.290	0.439	0.233	0.173	0.080	0.156	0.060	-0.004	-1.072	0.163	0.016	0.131	0.220	0.329	0.164	0.156	0.193	0.148	0.073	0.075	0.122	0.049	0.442	0.067	0.101	0.176
0.048	0.420	-0.148	-0.012	0.359	0.653	0.395	0.721	0.296	-3.710	0.121	-0.934	0.230	0.115	-0.478	0.185	0.344	0.235	0.157	0.649	-1.372	0.539	0.761	0.581	0.457	0.518	0.489
0.349	-0.836	0.204	0.235	-0.358	-0.046	0.233	-0.103	0.320	-3.899	0.477	-4.320	0.319	0.365	0.410	0.078	0.360	0.201	0.330	-0.017	0.388	0.082	-0.120	-1.348	0.172	0.053	-0.058
0.374	0.504	0.415	0.204	0.314	0.301	0.211	0.288	0.351	-0.360	-0.468	0.731	0.335	0.345	0.389	-1.289	-1.352	0.274	-0.639	0.242	0.019	0.338	0.255	0.206	0.166	0.053	0.445

续表

2669 其他专用化学产品制造	2671 肥皂及合成洗涤剂制造	2710 化学药品原药制造	2730 中药饮片加工	2740 中成药制造	3010 塑料薄膜制造	3020 塑料板、管、型材的制造	3040 泡沫塑料制造	3090 其他塑料制品制造	3111 水泥制造	3121 水泥制品制造	3131 粘土砖瓦及建筑砌块制造	3135 隔热和隔音材料制造	3169 耐火陶瓷制品及其他耐火材料制造	3191 石墨及碳素制品制造	3199 其他非金属矿物制品制造	3210 炼铁	3230 钢压延加工	3312 铅锌冶炼	3313 镍钴冶炼	3331 钨钼冶炼	3339 其他稀有金属冶炼	3340 有色金属合金制造	3351 常用有色金属压延加工	3411 金属结构制造	3421 切削工具制造	3460 金属表面处理及热处理加工
0.152	0.074	0.184	0.190	0.115	0.136	0.207	0.149	0.211	-0.800	0.014	0.381	0.123	0.132	0.148	0.057	-9.848	0.173	0.171	0.073	0.147	0.112	0.164	0.139	0.116	0.218	0.135
0.468	-0.523	-0.249	-0.603	2.602	0.096	0.445	-0.094	1.236	0.065	-0.201	-0.010	-0.548	-0.259	-0.458	0.137	-0.061	0.348	-1.901	-0.434	-0.347	-1.021	0.517	-0.245	-0.528	-0.673	-0.060
0.141	0.197	-0.009	0.100	0.299	0.175	-0.042	0.199	-0.002	0.088	0.213	0.295	0.188	0.220	0.141	0.193	-1.490	-0.004	0.249	0.116	0.011	0.199	0.049	0.000	0.201	-0.683	0.068
0.501	0.143	-0.028	-2.366	0.021	0.366	0.551	0.334	0.917	0.832	0.295	0.947	0.284	0.065	0.398	0.277	0.169	-0.274	0.381	-0.271	0.404	0.217	0.713	0.325	0.248	-0.124	-0.391
0.017	0.166	-0.357	-0.392	-0.380	0.138	-0.178	-0.169	-0.312	0.227	0.220	-3.001	0.314	0.272	0.234	0.187	-0.169	1.142	-0.128	0.249	0.263	0.451	-0.035	0.355	0.310	0.442	0.348
0.293	-0.154	-0.406	-0.671	0.478	0.323	0.314	0.335	0.281	-4.164	0.365	-3.114	0.028	0.200	-0.590	0.374	0.755	-2.454	-0.153	-0.084	0.326	0.298	0.301	0.157	0.374	0.226	0.090

3499 其他未列明的金属制品制造	3511 锅炉及辅助设备制造	3530 起重运输设备制造	3544 液压和气压动力机械及元件制造	3551 轴承制造	3552 齿轮、传动和驱动部件制造	3583 机械零部件加工及设备修理	3589 其他通用零部件制造	3591 钢铁铸件制造	3592 锻件及粉末冶金制品制造	3613 建筑工程用机械制造	3623 塑料加工专用设备制造	3671 拖拉机制造	3725 汽车零部件及配件制造	3911 发电机及发电机组制造	3919 微电机及其他电机制造	3921 变压器、整流器和电感器制造	3931 电线电缆制造	3933 绝缘制品制造	3940 电池制造	4061 电子元件及组件制造	4062 印制电路板制造	4214 花画工艺品制造	4310 金属废料和碎屑的加工处理	4320 非金属废料和碎屑的加工处理	4411 火力发电	4500 燃气生产和供应业
0.114	0.143	0.133	0.116	0.155	0.119	0.130	0.124	0.087	0.137	0.116	0.115	0.120	0.117	0.115	0.123	0.126	0.120	0.152	0.129	0.135	0.122	0.108	0.155	0.158	-1.010	0.114
-0.538	-0.393	-0.815	0.334	-0.436	-0.524	-0.237	-0.380	-0.304	-0.410	-0.497	-0.541	-0.393	-0.566	-0.731	-0.284	-0.487	-0.515	0.285	-0.357	-0.207	-0.517	-0.856	-0.350	0.828	-0.558	0.212
0.211	0.028	0.059	0.188	-0.095	0.191	0.174	0.244	0.245	0.187	0.131	0.184	0.185	0.195	0.213	0.192	0.174	0.166	0.109	0.280	0.202	0.175	0.246	0.164	0.086	0.431	0.214
0.193	0.234	-0.012	0.326	0.246	0.131	0.313	-0.032	-0.125	0.309	0.285	0.267	0.355	0.303	0.130	0.219	0.346	0.125	0.601	-0.380	-0.102	-0.100	-0.070	0.391	0.565	-0.468	0.348
0.321	0.275	0.424	0.133	0.329	0.350	0.232	0.323	0.265	0.163	0.292	0.311	0.255	0.315	0.374	0.263	0.287	0.322	0.006	0.381	0.357	0.400	0.442	0.104	0.068	0.189	0.118
0.366	0.350	0.380	0.405	0.216	0.288	0.327	0.343	0.062	0.326	0.408	0.389	0.381	0.341	0.376	0.330	0.308	0.399	0.375	0.292	0.094	0.209	0.381	-0.285	-0.906	-7.325	0.442

资料来源：笔者根据韶关市统计局提供的四位码工业统计数据整理研究计算制表。

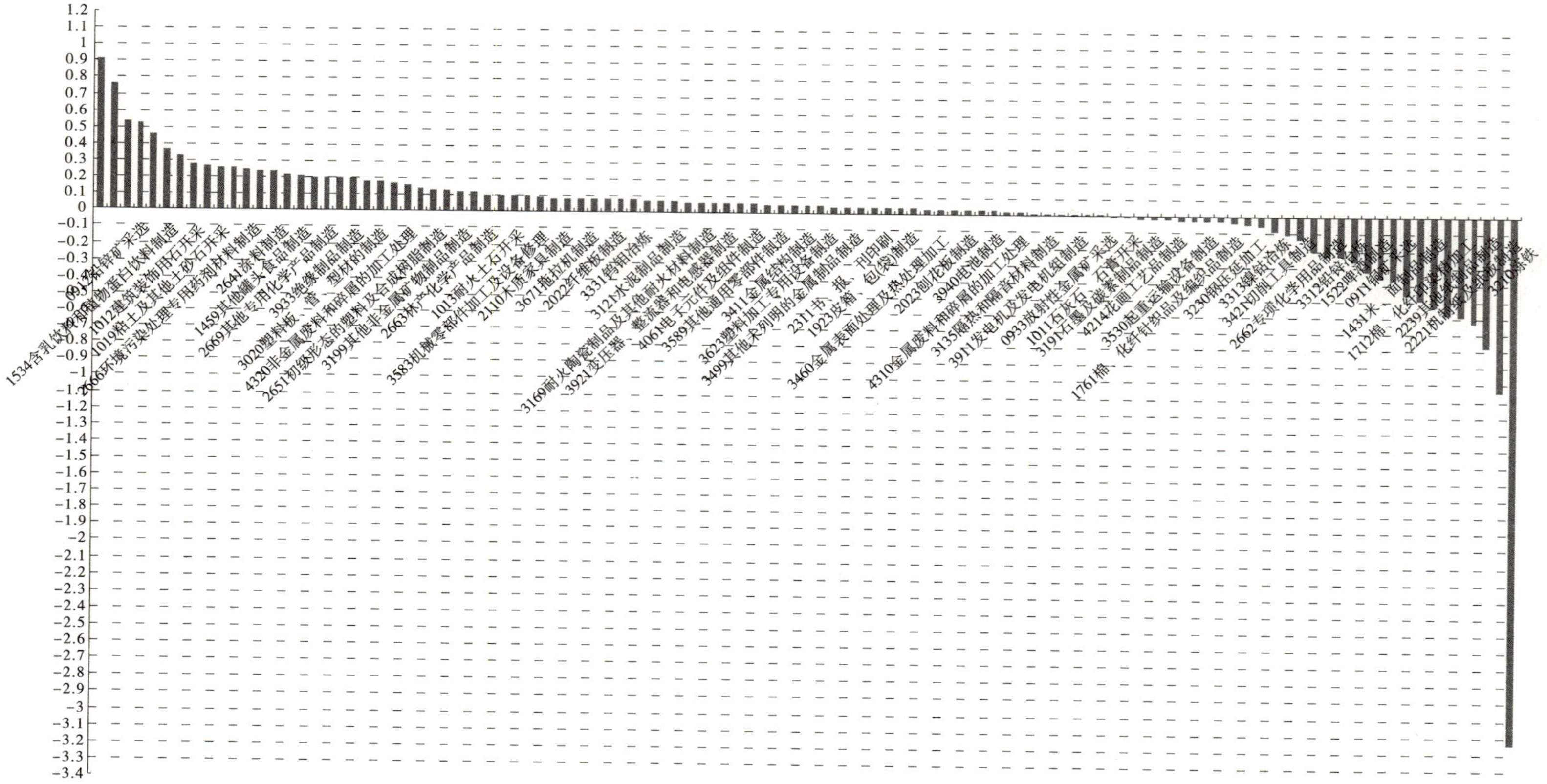

图4-36 2010年韶关工业行业4位码细类经济资源环境综合评分

资料来源：笔者根据韶关市统计局提供的四位码工业统计数据整理研究计算绘制。

表 4-16　2010 年韶关工业行业 4 位码细类经济资源环境综合评分优良行业（绿色工业首先行业）

1	0912 铅锌矿采选	0.917	39	3331 钨钼冶炼	0.082
2	1620 卷烟制造	0.770	40	3351 常用有色金属压延加工	0.081
3	1534 含乳饮料和植物蛋白饮料制造	0.538	41	3121 水泥制品制造	0.079
4	2740 中成药制造	0.530	42	1610 烟叶复烤	0.074
5	1012 建筑装饰用石开采	0.455	43	3169 耐火陶瓷制品及其他耐火材料制造	0.073
6	3090 其他塑料制品制造	0.367	44	3592 锻件及粉末冶金制品制造	0.070
7	1019 粘土及其他土砂石开采	0.332	45	3921 变压器、整流器和电感器制造	0.065
8	2661 化学试剂和助剂制造	0.280	46	1762 毛针织品及编织品制造	0.064
9	2666 环境污染处理专用药剂材料制造	0.269	47	4061 电子元件及组件制造	0.062
10	2120 竹、藤家具制造	0.264	48	3511 锅炉及辅助设备制造	0.061
11	2641 涂料制造	0.256	49	3589 其他通用零部件制造	0.060
12	2040 竹、藤、棕、草制品制造	0.247	50	3613 建筑工程用机械制造	0.059
13	1459 其他罐头食品制造	0.243	51	3411 金属结构制造	0.057
14	3340 有色金属合金制造	0.242	52	2011 锯材加工	0.057
15	2669 其他专用化学产品制造	0.223	53	3623 塑料加工专用设备制造	0.055
16	2664 炸药及火工产品制造	0.211	54	3725 汽车零部件及配件制造	0.053
17	3933 绝缘制品制造	0.205	55	3499 其他未列明的金属制品制造	0.050
18	1099 其他非金属矿采选	0.204	56	3931 电线电缆制造	0.047
19	3020 塑料板、管、型材的制造	0.203	57	2311 书、报、刊印刷	0.047
20	3544 液压和气压动力机械及元件制造	0.198	58	2440 玩具制造	0.045
21	4320 非金属废料和碎屑的加工处理	0.184	59	1923 皮箱、包（袋）制造	0.042
22	4500 燃气生产和供应业	0.184	60	3552 齿轮、传动和驱动部件制造	0.041

续表

23	2651 初级形态的塑料及合成树脂制造	0.175	61	3460 金属表面处理及热处理加工	0.041
24	3010 塑料薄膜制造	0.159	62	2130 金属家具制造	0.041
25	3199 其他非金属矿物制品制造	0.144	63	2023 刨花板制造	0.037
26	2619 其他基础化学原料制造	0.134	64	3551 轴承制造	0.037
27	2663 林产化学产品制造	0.131	65	3940 电池制造	0.036
28	1320 饲料加工	0.125	66	2614 有机化学原料制造	0.033
29	1013 耐火土石开采	0.117	67	4310 金属废料和碎屑的加工处理	0.031
30	1310 谷物磨制	0.103	68	0810 铁矿采选	0.030
31	3583 机械零部件加工及设备修理	0.103	69	3135 隔热和隔音材料制造	0.027
32	3040 泡沫塑料制造	0.101	70	3591 钢铁铸件制造	0.022
33	2110 木质家具制造	0.099	71	3911 发电机及发电机组制造	0.017
34	3919 微电机及其他电机制造	0.089	72	4062 印制电路板制造	0.016
35	3671 拖拉机制造	0.086	73	0933 放射性金属矿采选	0.014
36	0931 钨钼矿采选	0.085	74	1741 缫丝加工	0.011
37	2022 纤维板制造	0.084	75	1011 石灰石、石膏开采	0.011
38	1711 棉、化纤纺织加工	0.082	76	2611 无机酸制造	0.010

资料来源：笔者根据韶关市统计局提供的四位码工业统计数据整理研究计算制表。

表 4-17　2010 年韶关工业行业 4 位码细类经济资源环境综合评分较差行业

77	**3191 石墨及碳素制品制造**	**-0.008**	**93**	**3312 铅锌冶炼**	**-0.233**
78	2612 无机碱制造	-0.008	94	2643 颜料制造	-0.234
79	4214 花画工艺品制造	-0.016	95	1522 啤酒制造	-0.264
80	2231 纸和纸板容器的制造	-0.017	96	3131 粘土砖瓦及建筑砌块制造	-0.319
81	3530 起重运输设备制造	-0.020	97	0911 铜矿采选	-0.359
82	3339 其他稀有金属冶炼	-0.026	98	2730 中药饮片加工	-0.371
83	1761 棉、化纤针织品及编织品制造	-0.027	99	1431 米、面制品制造	-0.458
84	2671 肥皂及合成洗涤剂制造	-0.028	100	3111 水泥制造	-0.494
85	3230 钢压延加工	-0.028	101	1712 棉、化纤印染精加工	-0.531
86	1690 其他烟草制品加工	-0.036	102	1351 畜禽屠宰	-0.582
87	3313 镍钴冶炼	-0.050	103	2239 其他纸制品制造	-0.587
88	2710 化学药品原药制造	-0.061	104	1340 制糖	-0.626
89	3421 切削工具制造	-0.081	105	2221 机制纸及纸板制造	-0.774
90	2613 无机盐制造	-0.104	106	4411 火力发电	-1.047
91	2662 专项化学用品制造	-0.131	107	3210 炼铁	-3.147
92	2021 胶合板制造	-0.206			

资料来源：笔者根据韶关市统计局提供的四位码工业统计数据整理研究计算制表。

表 4-18　对工业 4 位码细类行业优化选择的效应分析

4 位码行业细类	经济生态综合效益分	利税总额（万元）	能耗总量（吨标煤）	水耗总量（M^3）	化学需氧量排放量（吨）	氨氮排放量（吨）	二氧化硫排放量（吨）	氮氧化物排放量（吨）	烟尘排放量（吨）	工业粉尘排放量（吨）	工业固体废物产生量（万吨）
0912 铅锌矿采选	9.188E-01	1.869E+05	1.872E+04	1.968E+07	5.025E+02	3.648E+00					1.166E+02
1620 卷烟制造	7.707E-01	2.967E+05	3.521E+03	1.302E+05	1.011E+00		3.220E-01	2.673E+00	4.160E-01	1.759E+00	1.710E-03
1534 含乳饮料和植物蛋白饮料制造	5.388E-01	1.555E+04	9.226E+03	3.954E+05	1.740E+00	1.900E-02	7.160E-01	1.911E+00	1.433E+00		5.985E-02
2740 中成药制造	5.305E-01	1.544E+04	2.490E+03	6.261E+05	1.119E+01	9.283E-01	1.285E+01	7.250E+00	5.487E+00		1.900E-02
1012 建筑装饰用石开采	4.555E-01	9.180E+02	1.559E+03	5.550E+02							3.780E-01
3090 其他塑料制品制造	3.669E-01	7.370E+02	1.210E+02	3.410E+03						1.350E-01	8.775E-03
1019 粘土及其他土砂石开采	3.322E-01	2.337E+04	7.192E+03	4.334E+06	6.190E-02	6.200E-03					1.000E-01
2661 化学试剂和助剂制造	2.799E-01	2.592E+03	1.385E+03	2.850E+03	8.000E-04						2.000E-05
2666 环境污染处理专用药剂材料制造	2.696E-01	1.952E+03	1.800E+01	7.509E+03							
2120 竹、藤家具制造	2.645E-01	1.167E+03	5.460E+02	1.160E+04						2.650E-01	5.000E-04
2641 涂料制造	2.564E-01	8.838E+03	5.242E+03	3.658E+04			2.600E-02				2.000E-05
2040 竹、藤、棕、草制品制造	2.471E-01	3.380E+03	1.425E+03	3.339E+04						3.430E-01	1.200E-03
1459 其他罐头食品制造	2.432E-01	6.020E+02	3.260E+02	1.379E+04	6.700E-01	6.800E-02	1.450E+00	4.200E-01	4.300E-01		1.180E-02
3340 有色金属合金制造	2.417E-01	7.796E+03	1.210E+02	3.785E+04	1.590E-02	1.500E-03	5.477E+00	3.622E+01	2.201E+00		8.955E-02
2669 其他专用化学产品制造	2.234E-01	2.350E+03	1.167E+03	3.664E+04							2.000E-04
2664 炸药及火工产品制造	2.110E-01	7.182E+03	8.685E+03	1.405E+05	5.595E-01	1.225E-01	1.169E+01	1.298E+01	1.581E+00		1.670E-01
3933 绝缘制品制造	2.046E-01	1.751E+03	1.900E+02	7.045E+03	3.000E-03	3.000E-04	3.737E+00	1.830E+00	4.510E-01		7.650E-04
1099 其他非金属矿采选	2.042E-01	1.200E+03	1.338E+03	6.040E+04	2.028E+00	1.386E+00					2.441E+00
3020 塑料板、管、型材的制造	2.026E-01	4.450E+02	2.430E+02	2.385E+04	2.190E+00	3.300E-01	7.500E-01	4.500E-01	2.150E+00		1.439E-03
3544 液压和气压动力机械及元件制造	1.981E-01	8.992E+03	6.320E+02	1.105E+05	3.102E+00	2.350E-01					1.800E-02

续表

4 位码行业细类	经济生态综合效益分	利税总额（万元）	能耗总量（吨标煤）	水耗总量（M^3）	化学需氧量排放量（吨）	氨氮排放量（吨）	二氧化硫排放量（吨）	氮氧化物排放量（吨）	烟尘排放量（吨）	工业粉尘排放量（吨）	工业固体废物产生量（万吨）
4320 非金属废料和碎屑的加工处理	1. 839E-01	9. 793E+03	3. 092E+04	8. 621E+04			7. 150E+00	7. 008E+01	1. 051E+01		1. 022E+00
4500 燃气生产和供应业	1. 837E-01	3. 056E+03	5. 500E+01	1. 874E+04							1. 100E-01
2651 初级形态的塑料及合成树脂制造	1. 747E-01	1. 743E+03	5. 610E+02	1. 100E+04	3. 080E-02	1. 600E-03	2. 200E-01	4. 300E-02	4. 500E-02		4. 800E-04
3010 塑料薄膜制造	1. 588E-01	2. 036E+03	9. 560E+02	5. 535E+04							3. 000E-04
3199 其他非金属矿物制品制造	1. 439E-01	1. 270E+03	7. 340E+02	9. 098E+04			1. 480E-01	1. 040E-01		2. 960E-01	3. 800E+00
2619 其他基础化学原料制造	1. 345E-01	1. 340E+04	4. 078E+04	6. 798E+05							
2663 林产化学产品制造	1. 309E-01	1. 735E+03	2. 853E+03	5. 069E+04	1. 018E+00	9. 780E-01	3. 142E+00	2. 834E+00	2. 900E-01		2. 400E-03
1320 饲料加工	1. 251E-01	2. 074E+03	1. 944E+03	3. 702E+04	8. 892E-01	8. 890E-02	1. 708E+00	3. 707E+00	1. 854E+00		
1013 耐火土石开采	1. 169E-01	4. 020E+02	5. 150E+02	9. 319E+03	2. 600E-02		3. 840E+00				2. 500E-01
1310 谷物磨制	1. 031E-01	1. 531E+03	6. 430E+02	1. 734E+04						4. 170E-01	7. 780E-01
3583 机械零部件加工及设备修理	1. 031E-01	1. 661E+03	9. 000E+02	7. 108E+04	4. 469E-01	4. 810E-02					5. 600E-03
3040 泡沫塑料制造	1. 014E-01	5. 600E+01	6. 600E+01	9. 810E+03			2. 990E+00	5. 300E-01	1. 090E+00		8. 400E-03
2110 木质家具制造	9. 853E-02	7. 470E+02	1. 622E+03	2. 319E+04	1. 019E-01	1. 020E-02					5. 700E-03
3919 微电机及其他电机制造	8. 847E-02	1. 696E+03	1. 725E+03	1. 671E+05	5. 010E+00	1. 100E-02					4. 300E-04
3671 拖拉机制造	8. 576E-02	6. 240E+02	2. 630E+02	1. 353E+04	6. 230E-02	6. 300E-03					6. 300E-03
0931 钨钼矿采选	8. 559E-02	6. 392E+03	1. 721E+03	1. 388E+06	1. 519E+01						2. 444E+01
2022 纤维板制造	8. 403E-02	3. 747E+03	4. 975E+03	5. 382E+05	6. 884E-01	9. 570E-02	1. 454E+00	6. 984E+00	6. 944E+00	1. 320E-01	2. 940E-02
1711 棉、化纤纺织加工	8. 166E-02	3. 653E+03	6. 498E+03	4. 801E+05	1. 039E+00	3. 270E-01	5. 253E+00	3. 000E-01	1. 303E+00		2. 960E-02
3331 钨钼冶炼	8. 148E-02	9. 600E+02	3. 300E+01	2. 753E+04	6. 670E+00	3. 440E+00	4. 500E+00		8. 000E-02		3. 000E-02
3351 常用有色金属压延加工	8. 109E-02	1. 075E+04	2. 802E+04	3. 427E+05	2. 215E+01	2. 570E+01	3. 258E+01	7. 590E-01	4. 596E+00	7. 100E-02	4. 730E-02
3121 水泥制品制造	7. 885E-02	6. 278E+03	1. 947E+03	2. 672E+05	5. 330E-02	1. 680E-02	2. 045E+01	4. 550E+00	2. 108E+01	8. 624E+01	5. 500E-02
1610 烟叶复烤	7. 437E-02	3. 137E+03	5. 413E+03	1. 648E+05	1. 402E+00	8. 540E-02	5. 811E+01	1. 442E+01	1. 413E+01	1. 700E-01	2. 807E-01

续表

4位码行业细类	经济生态综合效益分	利税总额（万元）	能耗总量（吨标煤）	水耗总量（M^3）	化学需氧量排放量（吨）	氨氮排放量（吨）	二氧化硫排放量（吨）	氮氧化物排放量（吨）	烟尘排放量（吨）	工业粉尘排放量（吨）	工业固体废物产生量（万吨）
3169 耐火陶瓷制品及其他耐火材料制造	7.270E-02	3.880E+02	6.150E+02	5.482E+04			2.257E+00	1.960E-01	2.090E-01		1.100E-02
3592 锻件及粉末冶金制品制造	6.991E-02	4.140E+02	9.930E+02	5.651E+04	8.248E-01	6.230E-02	2.026E+00	8.400E-01	5.805E+00		2.700E-03
3921 变压器、整流器和电感器制造	6.523E-02	9.000E+01	2.460E+02	5.697E+03	6.270E-02	6.700E-03					1.300E-05
1762 毛针织品及编织品制造	6.351E-02	1.502E+03	5.460E+02	4.011E+05			1.140E-01	1.100E-01	8.000E-03		6.000E-04
4061 电子元件及组件制造	6.187E-02	4.782E+03	1.269E+04	1.047E+06	1.288E+01	6.898E-01				8.280E-01	1.600E-04
3511 锅炉及辅助设备制造	6.068E-02	6.700E+01	5.800E+01	7.900E+03	1.014E+00	1.014E-01					
3589 其他通用零部件制造	5.979E-02	7.130E+02	6.410E+02	1.516E+05	1.214E-01	1.310E-02					
3613 建筑工程用机械制造	5.889E-02	1.840E+02	3.800E+01	8.839E+03	2.024E+00	1.412E-01					8.740E-02
3411 金属结构制造	5.680E-02	2.000E+02	2.450E+02	3.889E+04	2.164E-01	2.330E-02					4.000E-02
2011 锯材加工	5.650E-02	6.000E+02	1.450E+02	1.675E+04	1.000E-02		2.450E+00	7.340E-01	2.664E+01	1.076E+00	2.100E-04
3623 塑料加工专用设备制造	5.536E-02	1.470E+02	8.900E+01	1.016E+04	5.190E-01	5.590E-02					
3725 汽车零部件及配件制造	5.270E-02	2.000E+01	9.240E+02	2.927E+04	1.500E-02	1.500E-03					
3499 其他未列明的金属制品制造	5.030E-02	7.100E+01	1.320E+02	2.120E+04	1.472E-01	3.700E-03	6.900E-01				1.310E-02
3931 电线电缆制造	4.704E-02	2.440E+02	2.400E+02	9.114E+04	3.153E+00	3.362E-01	5.260E-01	3.370E-01	7.600E-02	7.000E-03	7.490E-04
2311 书、报、刊印刷	4.664E-02	2.900E+01	3.200E+01	2.532E+03	1.773E-01	1.910E-02					6.000E-03
2440 玩具制造	4.505E-02	3.447E+03	1.967E+04	3.430E+06	9.381E+00	1.313E+00	2.000E-02		1.010E-01	1.420E-01	1.965E-01
1923 皮箱、包（袋）制造	4.235E-02	5.440E+02	8.030E+02	2.224E+05							5.800E-04
3552 齿轮、传动和驱动部件制造	4.121E-02	1.004E+03	2.333E+03	1.917E+05	4.666E+00	3.000E-01					1.213E-01
3460 金属表面处理及热处理加工	4.073E-02	1.459E+04	4.399E+04	6.008E+06	1.771E+02	2.112E+01	3.124E+02	6.479E+01	5.879E+01	9.280E-01	1.784E+00
2130 金属家具制造	4.033E-02	1.150E+02	1.270E+02	3.045E+04	1.963E+00	1.049E+00	2.256E+00	1.995E+00	2.400E-01		2.810E-02
2023 刨花板制造	3.668E-02	1.354E+03	2.842E+03	9.000E+04	6.730E+00	1.060E+00	1.649E+01	6.530E+00	5.109E+01	1.737E+01	1.523E+00
3551 轴承制造	3.632E-02	1.002E+03	1.781E+03	6.764E+04	1.507E+01	2.061E+00	1.460E-01	2.300E-02	8.000E-03		2.027E-01

续表

4 位码行业细类	经济生态综合效益分	利税总额（万元）	能耗总量（吨标煤）	水耗总量（M^3）	化学需氧量排放量（吨）	氨氮排放量（吨）	二氧化硫排放量（吨）	氮氧化物排放量（吨）	烟尘排放量（吨）	工业粉尘排放量（吨）	工业固体废物产生量（万吨）
3940 电池制造	3. 552E-02	1. 552E+03	4. 167E+03	1. 189E+06	1. 558E+00	1. 531E-01	1. 064E+00	4. 320E-01	2. 570E-01	1. 824E+00	7. 220E-02
2614 有机化学原料制造	3. 309E-02	1. 000E+02	1. 051E+03	5. 052E+04	2. 823E+00	4. 670E-02	2. 463E+01	4. 016E+00	3. 534E+00		1. 610E-02
4310 金属废料和碎屑的加工处理	3. 048E-02	1. 752E+03	2. 079E+04	1. 282E+05			9. 187E+01	1. 822E+01	3. 550E+01		4. 548E-01
0810 铁矿采选	3. 037E-02	1. 728E+04	1. 166E+04	3. 877E+06	8. 225E+01	2. 730E+00					5. 744E+01
3135 隔热和隔音材料制造	2. 656E-02	2. 500E+01	2. 300E+02	3. 000E+03			1. 464E+00		1. 240E-01		2. 950E-03
3591 钢铁铸件制造	2. 164E-02	6. 683E+03	3. 238E+04	2. 579E+06	1. 739E+01	3. 622E-01	3. 243E+01	4. 248E+01	7. 304E+01	8. 566E+01	2. 853E+00
3911 发电机及发电机组制造	1. 704E-02	-5. 64E+02	6. 230E+02	1. 981E+05	1. 816E+00	5. 380E-02					
4062 印制电路板制造	1. 553E-02	2. 791E+03	2. 912E+04	3. 109E+06	1. 178E+02	3. 087E+00		2. 498E+01			1. 438E+00
0933 放射性金属矿采选	1. 413E-02	4. 417E+03	2. 905E+03	9. 994E+05	4. 538E+01	1. 850E+00					1. 841E+01
1741 缫丝加工	1. 128E-02	1. 863E+03	4. 142E+03	2. 333E+05	1. 041E+01	2. 822E+00	3. 822E+01	1. 285E+01	4. 018E+01		1. 176E-01
1011 石灰石、石膏开采	1. 107E-02	1. 624E+03	2. 798E+03	8. 281E+05			1. 346E+01		1. 786E+01		1. 200E-03
2611 无机酸制造	1. 004E-02	2. 119E+03	3. 231E+03	1. 281E+06			7. 067E+01	7. 150E-01	4. 900E+00		1. 514E+01
3191 石墨及碳素制品制造	-7. 755E-03	3. 660E+02	1. 049E+04	5. 019E+04			5. 722E+01	7. 410E+00	8. 610E+00		1. 364E-02
2612 无机碱制造	-8. 242E-03	5. 045E+03	4. 584E+04	5. 778E+05	2. 770E+00	1. 000E-01	1. 571E+02	7. 515E+01	4. 805E+01		4. 183E-01
4214 花画工艺品制造	-1. 631E-02	-5. 02E+02	6. 160E+02	2. 005E+05	2. 878E+00	1. 190E-02					1. 000E-03
2231 纸和纸板容器的制造	-1. 761E-02	9. 100E+01	9. 755E+03	1. 865E+05	6. 500E-02	7. 000E-03					
3530 起重运输设备制造	-1. 975E-02	-2. 30E+02	1. 270E+02	6. 330E+04	4. 002E+00	4. 310E-01					
3339 其他稀有金属冶炼	-2. 670E-02	-4. 83E+02	2. 029E+03	1. 479E+04	1. 260E-02	1. 300E-03					
1761 棉、化纤针织品及编织品制造	-2. 721E-02	7. 600E+01	1. 385E+03	3. 256E+04	1. 555E+00	2. 333E-01	2. 251E+01	4. 000E-03	5. 183E+00		5. 200E-02
2671 肥皂及合成洗涤剂制造	-2. 773E-02	3. 560E+02	5. 780E+03	1. 443E+05	6. 547E+00	2. 980E-02	4. 039E+01	1. 317E+01	1. 202E+01	1. 001E+01	4. 610E-02
3230 钢压延加工	-2. 832E-02	7. 231E+04	3. 591E+06	4. 418E+07	4. 100E-02		2. 940E+01	1. 643E+01	2. 864E+00	1. 560E+00	1. 056E+00
1690 其他烟草制品加工	-3. 634E-02	1. 608E+03	1. 432E+04	5. 958E+05	2. 020E+00	3. 029E-01	5. 317E+01	1. 174E+01	1. 464E+01		3. 680E-01

续表

4位码行业细类	经济生态综合效益分	利税总额（万元）	能耗总量（吨标煤）	水耗总量（M^3）	化学需氧量排放量（吨）	氨氮排放量（吨）	二氧化硫排放量（吨）	氮氧化物排放量（吨）	烟尘排放量（吨）	工业粉尘排放量（吨）	工业固体废物产生量（万吨）
3313 镍钴冶炼	-4.999E-02	2.270E+02	1.950E+03	1.381E+05	4.474E+00	4.748E-01	3.475E+01	3.490E+00	3.340E+00	1.200E-01	8.325E-01
2710 化学药品原药制造	-6.089E-02	1.096E+03	8.574E+03	3.882E+05	8.898E+00	2.799E+00	1.400E+02	2.215E+01	3.697E+01		1.896E-01
3421 切削工具制造	-8.159E-02	2.700E+01	3.230E+02	4.029E+04	9.248E+00	1.046E+00	1.020E+00	9.600E-02	4.500E-02		5.500E-03
2613 无机盐制造	-1.044E-01	1.450E+02	3.145E+03	2.731E+04	1.343E-01	9.600E-03	2.122E+01	7.420E+00	1.692E+00	5.808E+00	7.920E-03
2662 专项化学用品制造	-1.308E-01	2.530E+02	7.510E+02	5.019E+04	2.378E+00	5.900E-02	1.786E+02	1.426E+02	4.289E+01		4.105E-01
2021 胶合板制造	-2.063E-01	-1.00E+01	5.540E+02	9.000E+04	1.559E+00	1.019E-01	9.100E+00	5.115E+00	9.304E+00	4.200E+01	1.938E-02
3312 铅锌冶炼	-2.338E-01	-7.95E+04	3.982E+05	8.965E+06	9.316E+01	2.021E+01	2.744E+03	5.794E+02	6.720E+02	4.273E+02	4.134E+01
2643 颜料制造	-2.341E-01	7.610E+02	7.397E+03	1.210E+06	5.882E+01	2.881E+00	1.929E+02	4.171E+01	1.885E+01	8.100E+01	2.731E+00
1522 啤酒制造	-2.641E-01	-3.39E+03	5.726E+03	4.926E+05	1.706E+01	1.250E+00	8.011E+01	2.630E+01	9.582E+00		4.016E-01
3131 粘土砖瓦及建筑砌块制造	-3.194E-01	2.930E+02	9.221E+03	3.790E+04	1.750E-01	5.100E-03	8.745E+01	1.750E+01	4.304E+01	2.702E+00	0.000E+00
0911 铜矿采选	-3.589E-01	4.600E+01	8.000E+00	1.000E+03	1.027E+01	4.474E-01					7.988E+00
2730 中药饮片加工	-3.713E-01	-3.00E+00	8.670E+02	9.155E+04	5.137E+00	5.600E-02	9.928E+00	2.146E+00	3.247E+00		2.880E-02
1431 米、面制品制造	-4.581E-01	5.580E+02	1.070E+02	1.020E+03	2.056E+01	2.720E-02	1.280E+02	6.000E+01	4.518E+01		5.600E-02
3111 水泥制造	-4.941E-01	1.228E+04	3.416E+05	1.219E+06	2.171E+01	8.124E+00	1.690E+03	2.205E+03	3.429E+02	1.056E+03	5.837E-01
1712 棉、化纤印染精加工	-5.314E-01	4.340E+02	4.895E+03	1.682E+06	4.663E+01	1.306E+00	7.348E+01	1.389E+01	1.612E+01		2.490E-01
1351 畜禽屠宰	-5.840E-01	7.300E+01	1.700E+01	4.594E+04	1.274E+02	3.250E+01	9.470E-01	6.150E-01	1.612E+01		3.019E-02
2239 其他纸制品制造	-5.866E-01	5.300E+01	3.610E+02	8.379E+04	1.771E+01	2.237E-01	9.608E+01	1.994E+01	2.200E+01		3.356E-01
1340 制糖	-6.270E-01	5.180E+02	7.032E+03	1.196E+06	3.061E+02	5.161E+00	1.710E+01				8.500E-03
2221 机制纸及纸板制造	-7.746E-01	-4.03E+02	3.382E+04	4.378E+06	4.655E+02	1.819E+01	3.634E+02	1.303E+02	4.256E+02		2.200E+00
4411 火力发电	-1.046E+00	-1.57E+04	1.587E+06	2.676E+07	8.313E+01	4.247E+00	2.531E+04	1.184E+04	8.057E+02		1.450E+02
3210 炼铁	-3.143E+00	7.900E+02	2.232E+04	1.961E+05	1.014E+03	7.074E+01	9.229E+03	3.556E+03	3.496E+02	1.483E+03	4.849E+02
合计		7.329E+05	6.514E+06	1.498E+08	3.430E+03	2.480E+02	4.156E+04	1.914E+04	3.350E+03	3.307E+03	9.401E+02

续表

4 位码行业细类	经济生态综合效益分	利税总额（万元）	能耗总量（吨标煤）	水耗总量（M^3）	化学需氧量排放量（吨）	氨氮排放量（吨）	二氧化硫排放量（吨）	氮氧化物排放量（吨）	烟尘排放量（吨）	工业粉尘排放量（吨）	工业固体废物产生量（万吨）
优良行业利税合计		7.357E+05	3.996E+05	5.670E+07	1.095E+03	7.702E+01	7.918E+02	3.473E+02	3.944E+02	1.977E+02	2.508E+02
利税总额变动率 1		0.386%	-93.867%	-62.157%	-68.062%	-68.944%	-98.095%	-98.186%	-88.226%	-94.023%	-73.324%
较差行业利税合计		9.741E+04									
赢利行业利税合计		8.331E+05									
利税总额变动率 2		-11.691%	-93.867%	-62.157%	-68.062%	-68.944%	-98.095%	-98.186%	-88.226%	-94.023%	-73.324%
资源污染利税弹性		1	8.03	5.32	5.82	5.90	8.39	8.40	7.55	8.04	6.27

资料来源：笔者根据韶关市统计局提供的四位码工业统计数据整理研究计算制表。

第三节 生态发展区生态与经济良性互动的产业模式

对工业行业的经济、资源和环境效益的综合评价为从源头上发展生态绿色产业提供了科学依据，而加大技术创新和管理创新，促进产业间的生态耦合和绿色链级连接则更能够获取规模经济效益、资源配置效益、资源充分利用效益和减少对环境排放的生态环境效益。这是广东生态发展区实现生态与经济良性互动的产业发展模式，包括生态工业、生态农业、生态服务业和环境保护产业等。

一、大力发展生态工业

大力发展生态工业是基于生态发展区产业实际的必然选择。目前生态三市都具有一定的工业基础。工业增加值在国民经济中的比重很大，但是效益不高，资源耗费强度和污染排放强度却相当高。提高经济效益、减少资源耗费与污染排放强度，走资源节约、环境友好的生态工业发展道路就是其必然的选择。生态工业是环境友好的工业体系，是与自然生态系统协调发展的工业系统。“一般认为，生态工业是指依照自然界生态过程物质和能量循环的方式，高效应用现代科学技术所所建立和发展起来的一种多层次、多结构、多功能、变工业排泄物为原料、实现循环生产、集约经营管理的综合工业生产体系，是一种新型的工业模式。在生态工业系统中各生产过程不是孤立的，而是通过物质流、能量流、信息流和价值流互相关联，一个生产过程的废弃物可以作为另一个生产过程的原料加以利用。生态工业追求的是系统内各生产过程从原料、中间产物、排放物到产品的物质循环，以达到资源和能源利用的‘3R’原则。”① 可见，发展生态工业是要从工业生产源头到生产过程再到产品，全部生态化。采用清洁能源，实施清洁生产，最后产出生态化绿色产品。使整个工业产业发展同环境承载、能源约束相适应。这就是生态发展区的工业发展模式。前一节的分析表明，从经济资源环境的综合效益来看，目前广东生态发展

① 沈满洪、高登奎：《生态经济学》，中国环境科学出版社 2008 年版，第 179 页。

区工业行业至少可以划分为以下四类：一是高经济效益、高资源耗费和高污染排放型；二是高经济效益、低资源耗费和低污染排放型；三是低经济效益、低资源耗费和低污染排放型；四是低经济效益、高资源耗费和高污染排型。按照发展生态工业的思路，对于高经济效益、高资源耗费和高污染排放型行业要大力实施新型工业化改造，通过引进或技术改造增加行业的科学技术水平，降低资源耗费，减少环境污染，增大经济效益。对于高经济效益、低资源耗费和低污染排放型行业要努力扩大生产规模，增加产业的集中度，不断跟踪最新技术保持行业的竞争优势，最终形成绿色的战略性产业。对于低经济效益、低资源耗费和低污染排放型的行业要努力增加产业的聚集度，大力实施技术创新，在现有工业园区的基础上，对园区内企业的技术经济联系按照工业生态学原则进行重新整合或引进若干能够建立工业共生关系的企业，将现有工业园区改造成为生态工业园。通过生态工业园区形成产业聚集效益和园区的规模效益，最终转型升级为高经济效益低资源耗费和低污染排放型，成长为生态发展区的绿色战略性生态工业园区。而对于低经济效益、高资源耗费、高污染排放型的行业则要坚决地实行关停并转，重新配置要素。

二、积极发展生态农业与服务业

积极发展生态农业和服务业是生态发展区主体功能定位的本质要求。在三次产业中，农业长期以来都是弱势产业，受到自然条件与市场条件的双重约束，经济效益不高。但是农业的能源强度与污染强度也较低。所以提高农业的经济效益、走农业专业化道路和集约化道路，积极发展生态农业是生态发展区的一种本质要求。“生态农业是以生态学、经济学、农学、资源环境科学、工程学等学科理论与技术为指导，具有‘整体、协调、循环、再生’本质特征，富有区域特色和与时俱进特点，以实现农业生态经济系统的良性循环和生态、经济与社会三大效益相统一为目标的新型农业生产体系。”① 发展农业，供给农产品也是广东生态发展区的主体功能之一，三市政府可以通过如下措施来积极发展生态农业。一是加大投融资力度，为生态农业建设积累资金；二是完善

---

① 翟勇：《中国生态农业理论与模式研究》，西北农林科技大学博士论文，2006年，第25页。

农业基础设施建设，增强抵御自然风险的能力；三是引进先进的生态技术，增强农产品的科技含量；四是妥善处理和利用工业废弃物，缓解“三废”对农业的污染；五是大力宣传具有区域特色的生态产品，发挥品牌效应；六是建立县域生态农业全产业链，缓和经济与环境之间的矛盾。

服务业有传统服务业和现代服务业之分。传统服务业就业强度大，资源耗费强度较低，经济效益较高。如旅游、餐饮和其他服务等。“现代服务业不同于传统服务业的显著特征是高科技、高人力资源、高劳动生产率和高附加值，在此基础上衍生出新知识技术、新经营业态、新增长方式、新服务内容和新管理理念以及低资源消耗和低环境代价的发展态势。”[①] 所以现代服务业是伴随着信息技术和知识经济的发展产生，以专业化分工和国民收入提高引发的需求为导向，基于新兴服务业成长壮大和传统服务业改造升级而形成的新型服务业体系，具体包括“现代生产性服务业和现代消费服务业，如技术服务、金融服务、信息服务、中介服务、生产性服务、法律服务、研究与发展服务、现代物流服务和现代旅游服务等”[②]。其在具备技术含量高、经济效益好、附加值高的同时，资源耗费与污染排放少的特点最适宜生态发展区的产业发展方向。但是其发展有独特的路径依赖、市场需求和相关产业的关联要求。生态发展区要在积极发展好传统服务业的基础上，通过大力发展生态工业来创造条件，促进现代服务业的发展，使之最终形成生态发展区的主导产业。

三、积极发展环境保护产业

从经济资源和环境综合效益的视角来看，可以从三次产业中抽象出环境保护产业。相关研究者[③]认为，环保产业既包括能够在测量、防止、限制及克服环境破坏方面生产与提供有关产品与服务的企业，也包括能使污染排放和原材

① 刘荣明：《现代服务业统计指标体系及调查方法研究》，上海交通大学出版社2006年版，第2—3页。

② 任英华、邱碧槐、朱凤梅：《现代服务业发展评价指标体系及其应用》，《统计与决策》2009年第7期。

③ 虞震：《我国产业生态化路径研究》，上海社会科学院博士论文，2007年5月，第126—128页；孙琛：《产业生态化建设研究——以广东专业镇为例》，华南理工大学硕士论文，2010年5月，第100—121页。

料消耗最小化的清洁技术与产品。包括资源产业、还原产业、服务产业、广义制造产业等。根据经济技术类型，环保产业可划分为四种。一是运用末端控制技术的产业，这类产业主要通过物理、化学或生物技术，在生产链的末端实施对环境污染与破坏的控制与治理。二是运用清洁技术的产业，这类产业主要在生产过程中或通过生产链的延长，运用清洁技术来减少与消除环境破坏。三是生产绿色产品或清洁产品的产业，这类产业的产品具有生产过程中资源被高效利用，且不会或较少地导致环境破坏，使用过程中不会使用户及周围环境受害，废弃后不会破坏接纳它的环境的特征。四是环境服务产业，指与环境相关的服务贸易活动，包括环境技术服务、环境咨询服务、污染治理设施运营管理、废旧资源回收处置、环境贸易与金融服务、环境功能及其他环境服务等。发展环保产业显然能够有效地破解生态发展区经济发展中资源环境问题的约束，这也是生态发展区的一种优化产业发展模式。在实践中，发展环保产业要做好如下几个方面。一是要加大环保产业同其他产业部门的关联程度，最终确立环保产业的主导地位；二是要大力发展环保产业技术；三是要培育大型环保企业集团，增强生态区域内环保产业的市场竞争力。

结　论

本项广东省情调查专项研究为时 9 个月，在此期间笔者走访了韶关、河源和梅州的许多相关部门和单位。实地观察了三地的标志性森林、最大的新丰江水库和其他一些生态系统。查阅和调用了大量的森林资源档案数据、河流水文数据和耕地数据。在实地调研和文献数据阅读的基础上，本项研究在区域经济和国土主体功能区规划理论的总体框架内，根据中华人民共和国国家标准 GB 3838-2002《地表水环境质量标准》、中华人民共和国林业行业标准 GB LY/T 1721-2008《森林生态系统服务功能生态价值评估规范》、水资源价值评估标准以及相关学科权威的试验数据，通过多学科的协作，运用生态经济理论、公共财政理论、生态学理论、水利经济学理论、产业经济学理论、综合评价理论、多元统计理论、问卷调查理论等，尝试了对广东生态发展区韶关、河源和梅州三市的森林生态系统、河流水库生态系统和耕地生态系统服务功能的使用价值和非使用价值的评估与测算；开展了对广东省内居民关于对生态发展区生态补偿支付意愿的大样本问卷调查；测算了生态发展区韶关、河源和梅州三市为保护生态环境所牺牲的机会成本。基于评估和测算的结果，提出了建立广东生态补偿机制的技术方案。本研究还首次以广东生态发展区的韶关为例，利用工业 4 位码细类行业数据对韶关各行业的经济效益、能源强度、用水强度和污染排放强度进行了统计，并利用多元统计的方法综合测算了适宜于生态发展区韶关的绿色产业行业名次。本项调查研究的主要结论如下。

1. 广东近年形成的以主体功能区建设为核心内容，体现区域协调发展新战略要求的生态发展区发展的新模式：“坚持绿色发展道路——供给生态公共服务产品——建立扶持山区生态发展的长效机制和生态补偿机制——以‘双转移'为抓手，建设具有生态循环型特色的现代产业体系——实现广东生态与经济的良性互动与协调发展。"这是在区域发展中贯彻落实科学发展的重大战略举措，也是促进广东区域协调发展的一个新思路。按照这一思路来实现广东区域协调发展的战略目标，有四项基础性工作必须要做好。一是评估生态发展区域内居民"发展权"的损失；二是评估生态发展区域内的生态资源的公共生态服务产品价值；三是建立科学的生态补偿机制和制定可行的生态补偿政策；四是构建符合生态发展区实际的现代生态产业体系。

2. 以广东全省的平均水平作为为参照地区，广东省生态发展区 2010 年的机会成本为 208.2 亿元。以珠江三角洲地区作为参照地区，生态发展区 2010 年的机会成本为 340.1 亿元。

3. 广东生态发展区三市 2010 年森林生态系统服务功能总价值为 2260 亿元。其中，生物多样性保护价值为 914 亿元；涵养水源价值为 901 亿元；保育土壤价值为 166 亿元；净化大气价值为 105 亿元；积累营养物质价值为 8.69 亿元。

4. 广东生态发展区三市河流、水库生态系统服务功能总价值为 737.7 亿元。其中，正外部效益渔业生产价值 4.77 亿元；水力发电价值 8.9 亿元；抗旱灌溉价值 31.4 亿元；航运价值 8.98 亿元；饮用水价值 371.55 亿元；稀释珠江价值 2.72 亿元；调蓄洪水价值 45.18 亿元；减缓温室效应价值为 1344 万元；休闲娱乐价值 11.79 亿元。机会成本有粮食生产价值 1.22 亿元；水土流失价值 101.05 亿元；水库淤积价值 150 亿元。

5. 广东生态发展区耕地生态系统服务功能总价值为 316 亿元。

6. 广东省内居民对生态发展区生态补偿的支付意愿为每年每人 143 元，年支付意愿金额为 124.07 亿元。支付形式以现金支付给水源地基金组织专项使用保管、以税费形式上缴国家再由国家统一进行补偿、通过购买广东省发行的生态彩票来进行补偿等方式为主。

7. 广东生态发展区三市主要生态系统即森林、河流与水库、耕地等生态系统的生态服务功能价值年总值为 3447.79 亿元。其中，森林生态系统服务功能价值 2260 亿元，占生态发展区三市总价值的 65.5%，河流与水库生态系统服务功能价值 738 亿元，占生态发展区三市总价值的 21.4%，耕地生态系统服务功能价值316亿元，占生态发展区三市总价值的9.17%；非使用价值，即基于广东居民支付意愿的生态发展区三市的生态价值为124.07亿元，占生态发展区三市生态系统服务功能总价值的3.6%。生态发展区三市常住居民年人均生态价值为3447.79（亿元）÷1003.3（万人）=34264.67（元）。

8. 2010年广东生态发展区三市森林、河流、耕地等生态系统为广东全省提供的公共服务价值达到3447.79亿元。生态发展区居民与地方政府为此所承担的机会成本是208.2亿元，牺牲报酬率在15倍以上。由此可见，广东省委省政府所确立的以主体功能区建设为核心内容的广东区域协调发展新战略的重大战略价值、加快实施对生态发展区生态补偿的重大意义以及建立长效稳定的生态补偿机制的必要性。

9. 按照广东省国土主体功能区规划和省委省政府所确立的区域协调发展新战略的要求，根据生态补偿的相关理论、广东和全国其他地区生态补偿的实践，广东生态补偿机制主要应以建立健全完善的主体功能区生态补偿机制为主。遵循“谁供给、谁受偿，谁受益、谁补偿，谁污染、谁治理，谁破坏、谁恢复”的基本原则，参考生态发展区保护生态资源环境机会成本大小、生态发展区供给全省公共生态服务价值量大小、广东省内居民对生态发展区生态资源环境的支付意愿、广东各生态效益受益地区的发展状况和广东省政府财政能力等因素来合理确立补偿主体、补偿客体、补偿标准、补偿内容和补偿方式。统筹兼顾中期与长期利益，以政府主导、市场推进的操作方法，从点到面、先易后难、稳步推进对生态发展区生态补偿的实施工作。同时，广东省政府要在主体功能区生态补偿机制的制定和完善的过程中，构建较为系统的生态补偿支持系统，包括制度系统、组织系统、政策系统和科研系统等。

10. 广东生态补偿体系的补偿主体包括中央政府、广东省政府和珠江三角洲各市的地方政府、受益企业、排污企业和受益居民。补偿客体主要包括主体功能区中的生态发展区、限制发展区的生态资源环境的保护者和建设者，即生态发展区和限制发展区的地方政府、城乡居民以及由于产业结构调整转型升级发展绿色产业而受到损失的企业和农民。

11. 广东生态补偿应主要包括以下三个方面的内容：一是对生态发展区保护生态资源环境承担的发展机会成本的补偿。二是对未来更好实现区域主体功能而将发生的重大保护生态系统和环境投入的项目的补偿。三是对生态发展区所供给的生态系统服务功能价值的补偿。

12. 广东省对生态发展区的生态补偿宜四步走，每一步补偿标准如下表所示。

广东生态发展区生态补偿四步走标准

序号	补偿阶段	补偿标准
1	第一步：产业绿色转型补偿，补偿时间为2013—2015年。以补偿生态发展区在绿色转型发展中选择绿色产业而损失的利税额为主。	每年由广东省财政安排财政转移支付、专项补贴和基金专项经费共计30亿元，平均每市10亿元，以补偿绿色产业选择调整所损失的原利税总额的11%。
2	第二步：近期生态补偿，补偿时间为2016—2020年。以补偿生态发展区保护建设生态资源环境成本和发展机会成本为主。	每年由中央财政和广东省财政安排财政转移支付、专项补贴和基金专项经费共计200亿元。
3	第三步：中期生态补偿，补偿时间为2021—2030年。在第一步补偿标准的基础上，增加补偿生态发展区生态系统服务功能的非使用价值即增加基于广东省内居民的支付意愿所达成的补偿金额。	①每年由中央财政、广东省财政通过新的生态补偿税费征收、生态彩票发行收益转移划拨至生态发展区当地政府，补偿金额合计340亿元。 ②通过市场化，向珠三角和港澳地区提供直饮水获得生态补偿资金。补偿金额500亿元。以上两项合计每年补偿840亿元。
4	第四步：长期生态补偿，补偿时间为2031年以后。以补偿生态发展区生态系统服务功能的使用价值为主，即逐步实现生态系统服务外部经济利益的全额回收。	在国家生态补偿立法的基础上，通过建立健全完善的广东生态补偿机制，实现对生态发展区生态系统服务功能使用价值的全额补偿。每年补偿约3000亿元。

13. 广东生态补偿机制应以建立健全完善的生态主体功能区为主的生态补偿机制。包括：（1）建立以国家或广东省政府为补偿主体，以生态发展区地方政府和居民为补偿对象，以全省区域生态安全、民生改善、社会稳定、区域协调发展等为目标，以转移支付、财政补贴、政策倾斜和人才技术投入等为手

段的行政方式补偿制度。（2）建立以价格机制来优化配置资源的市场补偿方式制度。通过市场来推动生态发展区大型水库，如新丰江水库对珠江三角洲地区和香港地区的直饮水工程；通过市场来建立生态发展区三市在国际市场上的森林碳汇工程等。（3）建立以受偿者需求为导向的多元生态补偿机制，通过资金补偿、实物补偿、政策补偿、技术和智力补偿、产业补偿等补偿方式来统筹兼顾生态发展区短期、中期和长期发展的需要和经济与生态综合效益的最大化。（4）建立符合广东实际，基于广东省内居民支付意愿，分步提高补偿标准的生态补偿资金筹措机制。主要可以通过设立广东省政府投入并争取中央财政支持的生态发展区生态补偿专项基金，在广东省范围内征收饮用水资源生态费、适时开征水资源生态税、从生态发展区的省属发电站的电费收入中征收库区生态资源费，建立生态发展区生态补偿捐助机构，用于接受来自社会的各种捐赠，发行生态补偿彩票等，从多方位进行资金筹措。尽快实施新丰江饮用水源对珠三角和港澳地区的直饮水项目，还可争取国际社会资金等措施来筹集对生态发展区的补偿资金。

14. 积极争取国家支持，创建广东生态发展实验区。国家发改委将在继续推进现有生态补偿试点的基础上，再启动实施一批生态补偿试点示范。选择一批重点流域开展流域和水资源生态补偿试点。广东生态发展区既处于珠江重点流域，境内又有全国的重点生态保护区——南岭山地森林和生物多样性生态保护区，所以应紧紧抓住这一历史机遇，积极争取国家支持，先行先试，创办“生态特区”或“生态发展试验区”。以生态发展区为切入点，实现广东区域协调发展的目标，并为全国同类地区探索出一条生态与经济协调发展之路。同时，要以生态发展区主体功能定位为目标，制定富有激励作用的专门的政府工作绩效考核制度。在建立政府工作绩效综合评价体系时，首先在指导思想上，要以全省利益最大化的思想为引导，树立主体功能发展的战略思想；其次在选择基本指标时，要遵循完备性和独立性的原则；再次要科学确定各层次指标的权数。

15. 从产业自身发展层面来探讨生态发展区与资源耗费、环境污染间的相互关系，对于生态发展区的产业选择，构建生态型绿色产业体系具有非常重要的意义。生态发展区三市的废水和工业废水、废气、烟尘、粉尘的排放量和工业固废物的产生量占广东全省的比重分别为7%、9%、12%、7%、10%和30%。这一污染总量比例（除工业固废产生量外）与广东其他地区比较，相对较小。但其原因并非在于三市已经形成了符合绿色发展要求的产业体系，而是在于其工业规模相对广东全省而言，占比极小。2010年生态发展区三市地区生产总值1771.1亿元，仅占广东全省的3.71%。从近十年的发展趋势看，这一比例基本上就是生态发展区三市在广东省的一个稳态值。

16. 生态发展区三市单值工业废水、单值工业废气、单值工业烟尘、单值工业粉尘和单值工业固废排放量分别达到26.06万吨/亿元、48.92千万标立米/亿元、27.20吨/亿元、16.47吨/亿元和92.76吨/亿元。与广东省和全国平均水平比较，生态发展区的单值工业废水排放量超出广东省17.93万吨/亿元、超出全国11.3万吨/亿元，分别是广东省的3.2倍、全国的1.8倍；单值工业废气排放量超出广东省38.44千万标立米/亿元、超出全国16.65千万标立米/亿元，分别是广东省的4.7倍、全国的1.5倍；单值工业烟尘排放量超出广东省13.67吨/亿元、但比全国少10.3吨/亿元，是广东省的2倍、全国的0.7倍；单值工业粉尘排放量超出广东省16.47吨/亿元、超出全国16.47吨/亿元，是广东省的36409倍、全国的5905倍；单值工业固废排放量超出广东省86.58吨/亿元、超出全国61.79吨/亿元，分别是广东省的15倍、全国的3倍。除工业固体废物产生量与排放量外，生态发展区三市中，韶关的单值“三废”排放要高于河源与梅州。

17. 2010年广东省21个市的单位GDP能耗均值为0.865吨标准煤/万元，高于全省平均水平0.2吨标准煤/万元，极差为1.2吨标准煤/万元，标准差为0.33吨标准煤/万元。单值能耗最大的地区是生态发展区的韶关市，每万元GDP的综合能耗为1.71吨标准煤。单值能耗最小的地区是深圳，每万元GDP的综合能耗为0.51吨标准煤。生态发展区的梅州、河源二市的每万元GDP综合能耗分别为1.19吨标准煤和0.8吨标准煤，两市也高于广东省的单值能耗平均水平。从整体上看，各市单值能耗的离散程度较大，而生态发展区三市单值能耗较大是其重要的原因。

18. 生态发展区所表现出来的单值高污染、单值高能耗是由其产业技术水平和产业结构所决定的。调整产业结构的总体方向应该是稳步发展第一产业、大力发展第三产业、优化调整第二产业中的工业内部结构。

19. 调整生态发展区的产业结构，需要对各个产业进行分析比较，选择生态资源环境和经济综合效益高，能够促进生态发展区经济与资源环境良性互动的产业。运用因子分析方法，从总资产贡献率、利税总额、成本费用利润率、单位产值用水量、单位产值能源消耗量、单位产值化学需氧量排放量、单位产值氮氧化合物排放量、单位产值氨氮排放量、单位产值二氧化硫排放量、单位产值烟尘排放量、单位产值粉尘排放量和单位产值固体废弃物产生量12项指标中提取了携带原指标86%信息量的6个因子，它们分别是经济效益因子 F_2、减排因子 F_1、减排因子 F_3、节水因子 F_4、减排因子 F_5、节能因子 F_6。以6个因子作为基向量的欧氏空间，测度出各行业的生态资源环境和经济的综合效益。

（1）生态资源环境和经济综合效益优良的工业行业如下表所示。

工业行业4位码细类经济资源环境综合评分优良行业（绿色工业首选行业）

序号	行业	综合分	序号	行业	综合分
1	0912 铅锌矿采选	0.917	39	3331 钨钼冶炼	0.082
2	1620 卷烟制造	0.770	40	3351 常用有色金属压延加工	0.081
3	1534 含乳饮料和植物蛋白饮料制造	0.538	41	3121 水泥制品制造	0.079
4	2740 中成药制造	0.530	42	1610 烟叶复烤	0.074
5	1012 建筑装饰用石开采	0.455	43	3169 耐火陶瓷制品及其他耐火材料制造	0.073
6	3090 其他塑料制品制造	0.367	44	3592 锻件及粉末冶金制品制造	0.070
7	1019 粘土及其他土砂石开采	0.332	45	3921 变压器、整流器和电感器制造	0.065
8	2661 化学试剂和助剂制造	0.280	46	1762 毛针织品及编织品制造	0.064
9	2666 环境污染处理专用药剂材料制造	0.269	47	4061 电子元件及组件制造	0.062
10	2120 竹、藤家具制造	0.264	48	3511 锅炉及辅助设备制造	0.061
11	2641 涂料制造	0.256	49	3589 其他通用零部件制造	0.060
12	2040 竹、藤、棕、草制品制造	0.247	50	3613 建筑工程用机械制造	0.059
13	1459 其他罐头食品制造	0.243	51	3411 金属结构制造	0.057
14	3340 有色金属合金制造	0.242	52	2011 锯材加工	0.057
15	2669 其他专用化学产品制造	0.223	53	3623 塑料加工专用设备制造	0.055
16	2664 炸药及火工产品制造	0.211	54	3725 汽车零部件及配件制造	0.053
17	3933 绝缘制品制造	0.205	55	3499 其他未列明的金属制品制造	0.050
18	1099 其他非金属矿采选	0.204	56	3931 电线电缆制造	0.047
19	3020 塑料板、管、型材的制造	0.203	57	2311 书、报、刊印刷	0.047
20	3544 液压和气压动力机械及元件制造	0.198	58	2440 玩具制造	0.045
21	4320 非金属废料和碎屑的加工处理	0.184	59	1923 皮箱、包（袋）制造	0.042
22	4500 燃气生产和供应业	0.184	60	3552 齿轮、传动和驱动部件制造	0.041
23	2651 初级形态的塑料及合成树脂制造	0.175	61	3460 金属表面处理及热处理加工	0.041
24	3010 塑料薄膜制造	0.159	62	2130 金属家具制造	0.041

续表

序号	行业	综合分	序号	行业	综合分
25	3199 其他非金属矿物制品制造	0.144	63	2023 刨花板制造	0.037
26	2619 其他基础化学原料制造	0.134	64	3551 轴承制造	0.037
27	2663 林产化学产品制造	0.131	65	3940 电池制造	0.036
28	1320 饲料加工	0.125	66	2614 有机化学原料制造	0.033
29	1013 耐火土石开采	0.117	67	4310 金属废料和碎屑的加工处理	0.031
30	1310 谷物磨制	0.103	68	0810 铁矿采选	0.030
31	3583 机械零部件加工及设备修理	0.103	69	3135 隔热和隔音材料制造	0.027
32	3040 泡沫塑料制造	0.101	70	3591 钢铁铸件制造	0.022
33	2110 木质家具制造	0.099	71	3911 发电机及发电机组制造	0.017
34	3919 微电机及其他电机制造	0.089	72	4062 印制电路板制造	0.016
35	3671 拖拉机制造	0.086	73	0933 放射性金属矿采选	0.014
36	0931 钨钼矿采选	0.085	74	1741 缫丝加工	0.011
37	2022 纤维板制造	0.084	75	1011 石灰石、石膏开采	0.011
38	1711 棉、化纤纺织加工	0.082	76	2611 无机酸制造	0.010

（2）生态资源环境和经济综合效益较差的行业如下表所示。

工业行业 4 位码细类经济资源环境综合评分较差行业

序号	行业	综合分	序号	行业	综合分
77	3191 石墨及碳素制品制造	-0.008	93	3312 铅锌冶炼	-0.233
78	2612 无机碱制造	-0.008	94	2643 颜料制造	-0.234
79	4214 花画工艺品制造	-0.016	95	1522 啤酒制造	-0.264
80	2231 纸和纸板容器的制造	-0.017	96	3131 粘土砖瓦及建筑砌块制造	-0.319
81	3530 起重运输设备制造	-0.020	97	0911 铜矿采选	-0.359
82	3339 其他稀有金属冶炼	-0.026	98	2730 中药饮片加工	-0.371
83	1761 棉、化纤针织品及编织品制造	-0.027	99	1431 米、面制品制造	-0.458
84	2671 肥皂及合成洗涤剂制造	-0.028	100	3111 水泥制造	-0.494
85	3230 钢压延加工	-0.028	101	1712 棉、化纤印染精加工	-0.531
86	1690 其他烟草制品加工	-0.036	102	1351 畜禽屠宰	-0.582
87	3313 镍钴冶炼	-0.050	103	2239 其他纸制品制造	-0.587
88	2710 化学药品原药制造	-0.061	104	1340 制糖	-0.626
89	3421 切削工具制造	-0.081	105	2221 机制纸及纸板制造	-0.774
90	2613 无机盐制造	-0.104	106	4411 火力发电	-1.047
91	2662 专项化学用品制造	-0.131	107	3210 炼铁	-3.147
92	2021 胶合板制造	-0.206			

需要特别说明的是，火力发电因韶关电厂正值技术改造之际，两台 60 万 kw 超临界燃烧的机组尚在建设中，不能产生利润，所以需要另行评价。铅锌冶炼行业也因环境事故正值整改期间，也需要另行评价。

在现有条件下，选择经济资源环境综合评分优良的行业，可以保证原利税总额的 88.31%，而水资源耗费可节省近 62.157%、能源耗费可节省 93.867%

多、化学需氧量排放量可下降 68. 06%、氨氮排放量可下降 68. 944%、二氧化硫排放量可下降 98. 095%、氮氧化物排放量可下降 98. 186%、烟尘排放量减少 88. 226%、工业粉尘排放量可减少 94. 023%、工业固体废物产生量可减少 73. 324%。也就是说在原有条件下，通过产业选择后，利税每下降 1%，能源耗费可下降 8. 03%、水资源耗费可下降 5. 32%、化学需氧量排放可减少 5. 82%、氨氮排放可减少 5. 9%、二氧化硫排放可减少 8. 39%、氮氧化物排放可减少 8. 4%、工业烟尘排放可减少 7. 55%、工业粉尘排放可减少 8. 04%、工业固体废物产生量可减少 6. 27%。

20. 对工业行业的经济、资源和环境效益的综合评价，为从源头上发展生态绿色产业提供了科学依据，而加大技术创新和管理创新，促进产业间的生态耦合和绿色链级连接则更能够获取规模经济效益、资源配置效益、资源充分利用效益和减少对环境排放的生态环境效益。这正是广东生态发展区实现生态与经济良性互动的产业发展模式，包括生态工业、生态农业与服务业和环境保护产业等。

参考文献

欧阳建国:《广东区域经济差异的动态计量分析与协调发展研究》，广东省委党校“十一五”哲学社会科学规划课题，2010 年 10 月。

欧阳建国、余甫功、欧晓万:《区域经济差异的 σ 收敛——基于广东各地区数据的实证分析》,《湖北社会科学》2009 年第 4 期。

余甫功、欧阳建国、欧晓万:《区域经济差异的多指标测度》,《经济论坛》2009 年第 6 期。

中共广东省委:《中共广东省委、广东省人民政府关于推进产业转移和劳动力转移的决定》，粤委［2008］5 号。

汪洋:《坚持走生态文明发展道路，奋力推动山区实现跨越发展》，《粤办通报》2010 年第 2 期，中共广东省委办公厅，2010 年 1 月 15 日。

中共广东省委、广东省政府:《关于促进粤北山区跨越发展的指导意见》，粤发［2010］5 号。

广东省政府办公厅:《广东省生态保护补偿办法》，粤府办［2012］35 号。

朱小丹:《广东探索主体功能区建设新路子》,《行政管理改革》2011 年第 4 期。

韶关市林业局:《韶关市森林资源档案数据统计报表》，2011 年。

河源市林业局:《河源市森林资源档案数据统计报表》，2011 年。

梅州市林业局:《梅州市森林资源档案数据统计报表》，2011 年。

龚建文、周永章、张正栋:《广东新丰江水库饮用水源地生态补偿机制建设探讨》,《热带地理》2010 年第 1 期。

国家林业局:《森林生态系统服务功能评估规范》（LY/T 1721—2008）, 中国标准出版社 2008 年版。

李少宁:《江西省暨大岗山森林生态系统服务功能研究》，中国林业科学研究院博士论文，2007 年 7 月。

张喜、薛建辉:《黔中喀斯特山地不同森林类型的地表径流及影响因素》，《热带亚热带植物学报》2007 年第 6 期。

国家林业局:《森林生态系统服务功能评估规范》（LY/T 1721—2008），中国标准出版社 2008 年版。

康文星、田大伦:《广东省森林公益效能的经济评价—1 森林的木材生产效益与水源涵养效益》,《中南林学院学报》2001 年第 9 期。

康文星、田大伦:《广东省森林公益效能的经济评价—2 森林的固土保肥改良土壤和净化大气效益》,《中南林学院学报》2001 年第 12 期。

莫江明等:《鼎湖山马尾松林营养元素的分布和生物循环特征》,《生态学报》1999 年第 5 期。

莫江明、张德强、黄忠良:《鼎湖山南亚热带常绿阔叶林植物营养元素含量分配格局研究》,《热带亚热带植物学报》2000 年第 3 期。

李文华:《生态系统服务功能价值评估的理论、方法与应用》，中国人民大学出版社 2008 年版。

李金昌:《资源核算论》，海洋出版社 1999 年版。

黄怀雄:《长株潭地区生态系统服务功能价值评价研究》，中南林业科技大学硕士论文，2010 年 5 月。

袁正科、田大伦、袁穗波等:《森林生态系统净化大气 SO_2 能力及吸收 S 潜力研究》,《湖南林业科技》2005 年第 1 期。

许晴、张放等:《Simpson 指数和 Shannon-Wiener 指数若干特征的分析及“稀释效应”》,《草业科学》2011 年第 4 期。

王兵、郑秋红等:《基于 Shannon-Wiener 指数的中国森林物种多样性保育价值评估方法》,《林业科学研究》2008 年第 2 期。

广东省环保厅:《两水库水质保持国家地表水 I 类标准》，2009 年 7 月。

中华人民共和国国家标准:《地表水环境质量标准》（GB 3838-2002），中国环境科学出版社 2003 年版。

田中兴：《水能资源开发生态补偿机制研究》，中国水利水电出版社 2010 年版。

谢高地、鲁春霞、冷允法等：《青藏高原生态资产的价值评估》，《自然资源学报》2003 年第 2 期。

马文博、李世平、陈昱：《基于 CVM 的耕地保护经济补偿探析》，《中国人口·资源与环境》2010 年第 20 卷第 11 期。

蔡银莺、李晓云、张安录：《耕地资源非市场价值评估初探》，《生态经济》2006 年第 2 期。

孙能利、巩前文、张俊飚：《山东省农业生态价值测算及其贡献》，《中国人口·资源与环境》2011 年第 7 期。

中国环境与发展国际合作委员会生态补偿机制与政策研究课题组：《中国生态补偿机制与政策研究》，科学出版社 2007 年版。

国务院：《国务院关于落实科学发展观加强环境保护的决定》，国发［2005］39 号。

刘军民：《财政转移支付生态补偿的基本方法与比较》，《环境经济》2011 年第 10 期。

浙江省人民政府：《浙江省人民政府关于进一步完善生态补偿机制的若干意见》，浙政发［2005］44 号，2005 年 8 月 26 日。

浙江省人民政府办公厅：《浙江省生态环保财力转移支付试行办法》，浙政办发［2008］12 号，2008 年 2 月 28 日。

广东省人民政府：《广东省生态公益林建设管理和效益补偿办法》，广东省人民政府令第 48 号，1998 年 11 月 17 日。

江苏省林业厅：《绿色江苏生态建设省级专项资金使用管理办法》，苏林计［2006］83 号，2006 年 9 月。

福建省财政厅：《福建省闽江、九龙江流域水环境保护专项资金管理办法》，闽财建［2007］41 号，2007 年 4 月 27 日。

广东省人民政府：《广东省东江流域水资源分配方案》，粤府办［2008］50 号，2008 年 8 月 18 日。

国务院：《关于坚决制止占用基本农田进行植树等行为的紧急通知》，国发明电［2004］1号，2004年3月20日。

国务院:《基本农田保护条例》，国务院令第257号，1998年12月27日。

欧阳建国:《三次产业间相互冲击的动态响应》,《上海经济研究》2006年第10期。

沈满洪、高登奎:《生态经济学》，中国环境科学出版社2008年版。

翟勇:《中国生态农业理论与模式研究》，西北农林科技大学博士论文，2006年。

刘荣明:《现代服务业统计指标体系及调查方法研究》，上海交通大学出版社2006年版。

任英华、邱碧槐、朱凤梅:《现代服务业发展评价指标体系及其应用》,《统计与决策》2009年第7期。

虞震:《我国产业生态化路径研究》，上海社会科学院博士论文，2007年5月。

孙琛:《产业生态化建设研究——以广东专业镇为例》，华南理工大学硕士论文，2010年5月。

《汪洋视察河源：全国最穷的地方还在广东是广东之耻》，见 http://politics.people.com.cn/GB/14562/11265106.html。

广东省国土资源厅:《广东省地市标准地图服务》，见 http://www.gdlr.gov.cn/cms/directory/StandardMap_ gd.jsp。

韶关市人民政府:《2010年韶关市国民经济和社会发展统计公报》，见 http://www.shaoguan.gov.cn/website/portal/。

河源市人民政府:《2010河源市国民经济和社会发展统计公报》，见 http://www.heyuan.gov.cn/jsp_ submit/seek.jsp。

梅州市人民政府:《2010梅州市国民经济和社会发展统计公报》，见 http://www.meizhou.gov.cn/zwgk/tjsj/tjnb/。

韶关市统计局:《韶关统计年鉴2011》，见 http://www.sgtjj.gov.cn/。

河源市统计局:《河源统计年鉴2011》，见 http://stats.heyuan.gov.cn/。

梅州市统计局:《梅州统计年鉴2011》，见 http://stats.meizhou.gov.cn/。

广东省统计局:《广东统计年鉴2011》，见 http://www.gdstats.gov.cn/。

国家统计局:《中国统计年鉴 2011》, 见 http://www.stats.gov.cn/。

广东省委省政府:《广东省市厅级党政领导班子和领导干部落实科学发展观评价指标体系及考核评价办法（试行）》, 见 http://roll.sohu.com/20110415/。

广东省水利厅:《广东省水资源概况》, 2008 年 9 月 23 日, 见 http://www.gdwater.gov.cn/yewuzhuanji/szygl/szygk/200809/t20080923_ 24763.html。

广东省水利厅:《江河湖库水质, 广东省各流域水质情况表》, 2011 年 7 月, 见 http://www. gdwater. gov. cn/yewuzhuanji/szygl/szygb/szygb2010/szyzt08/201107/t20110726_ 46519.html。

国务院:《排污费征收使用管理条例》, 国务院令第 369 号, 2002 年 7 月 1 日, 见 http://energy.people.com.cn/h/2011/1201/。

Costanza R., Adrge R., Degroot R., et al., "The value of the world's ecosystem services and natural capital", *Nature*, 1997b, 387 (6330).

责任编辑:高　寅
封面设计:肖　辉　欢　欢
责任校对:吕　飞

图书在版编目(CIP)数据

生态价值·补偿机制·产业选择:对广东生态发展区的数据分析/欧阳建国,
　欧晓万,欧阳洋 著. -北京:人民出版社,2015.6
ISBN 978-7-01-015005-5

Ⅰ.①生…　Ⅱ.①欧…②欧…③欧…　Ⅲ.①生态环境建设-研究-广东省
　Ⅳ.①X321.265

中国版本图书馆 CIP 数据核字(2015)第 142341 号

生态价值·补偿机制·产业选择
SHENGTAI JIAZHI BUCHANG JIZHI CHANYE XUANZE
——对广东生态发展区的数据分析

欧阳建国　欧晓万　欧阳洋　著

人民出版社 出版发行
(100706　北京市东城区隆福寺街 99 号)

北京中科印刷有限公司印刷　新华书店经销

2015 年 6 月第 1 版　2015 年 6 月北京第 1 次印刷
开本:787 毫米×1092 毫米 1/16　印张:11.25
字数:176 千字

ISBN 978-7-01-015005-5　定价:38.00 元

邮购地址 100706　北京市东城区隆福寺街 99 号
人民东方图书销售中心　电话 (010)65250042　65289539